Yvonne Gutsche
GELASSENHEITS-
TRAINING
Müller
Rüschlikon

Dieser Link führt Dich zu den in diesem Buch enthaltenen Video-Clips.

Impressum

Einbandgestaltung: R2 | Ravenstein, Verden

Titelbild: Lisa Rädlein

Bildnachweis: Wenn am Bild nicht anders vermerkt, wurden die Bilder von Thomas Hartig erstellt.

Eine frühere Ausgabe dieses Buches ist mit der ISBN 978-3-275-02067-6 erschienen.

ISBN 978-3-275-02281-6

Postfach 103743, 70032 Stuttgart
Ein Unternehmen der Paul Pietsch Verlage GmbH & Co. KG

1. Auflage 2023

Sie finden uns im Internet unter www.mueller-rueschlikon-verlag.de

Lektorat: Claudia König
Innengestaltung: r2 | Ravenstein, Verden
Druck und Bindung: Graspo CZ, 76302 Zlin
Printed in Czech Republic

Inhalt

Vorwort 6

Einleitung – darum ist Gelassenheitstraining so wichtig 8
- *Kennst Du die GHP?* 18
- *Positive Effekte des Gelassenheitstrainings* 22

Bevor es losgeht: Welcher Typ ist Dein Pferd? 24
- *Die richtige Haltung und Fütterung für coole Pferde* 27
- *Wenn man sich unsicher ist …* 36

Gut vorbereitet – das beste Equipment fürs Gelassenheitstraining 38
- *Der ideale Trainingsort* 44

Das beste Warm-up 46

Meine sieben Lieblings-Warm-up-Übungen 49

1. Kopfabsenken 53
- *In Ruhe stehen und warten* 55

2. Führtraining 58
   a) Führen und Folgen 58
- *Wo ist die richtige Führposition?* 59
   b) Anhalten 59
   c) Rückwärts 60

3. Weichen 62

a) Das Pferd mit der Hinterhand weichen lassen 62
b) Das Pferd mit der Vorhand weichen lassen 62
c) Das komplette Pferd seitwärts weichen lassen 63
4. Schicken 66
5. Körpersprachliches Longieren 66
• *Die Körpersprache des Menschen* 68
6. Führen-in-Stellung 69
7. Übertreten 70

Stress bei Pferden 72
• *Vorsicht vor Reizüberflutung* 75

Ran an die Front – jetzt startet das Gelassenheitstraining! 78
• *Die unterschiedlichen Schrecktypen* 85
• *Wie Pferde unsere Welt sehen* 86
Meine Lieblingsübungen im Gelassenheitstraining 90
1. Müllsack 90
2. Fahne 96
3. Schirm 99
4. Klappersack 102
• *Noch mehr Zwischenschritte* 104
5. Rätsche 104
6. Tröte 107
7. Bälle 109
8. Plane 111
• *Wie vermittle ich meinem Pferd, dass es keine Angst zu haben braucht?* 115
• *Warum sind Pferde manchmal durch den Wind?* 118
9. Luftballons 118
10. Flatterbandvorhang 120
11. Radfahrer 123
• *Und dann haben wir noch den Menschen!* 124
• *Veränderungen* 127

Training für coole Socken – neue Herausforderungen 128
1. Hugo – die absolute Horror-Picture-Show für Pferde 130
2. Nebelmaschine 131
3. Der Knalltütenpark 133
4. Die Steigerung des Knalltütenparks: der Styropor-Park 136
5. Und noch eine Steigerung: der Trash-Garten 139
6. Laubbläser 142
7. Feuerwerk 143
8. Der Gelassenheitsspaziergang 146
9. Die Königsdisziplin: mehrere Reizauslöser gleichzeitig 149

Gelassenheitstraining beim Reiten 152

Einmal Gelassenheitstraining gemacht = reicht fürs ganze Leben? 162

Ein Wort zum Schluss 166
- *Wie ich reiten gelernt habe* 168

Die Autorin und das Team dieses Buches 169
Danke 172

Vorwort

Voll bepackt mit tollen Sachen, die das Leben gruselig machen – hinein ins Gelassenheitstraining!

Wow, das ist bereits die zweite Auflage meines Buchs über Gelassenheitstraining! Ich freue mich total, denn das zeigt mir, wie wichtig dieses Thema ist, und dass ganz viele Pferdebesitzer und Reiter ihr Pferd gelassener sowie verlässlicher machen wollen. Das finde ich super!

Seit der Veröffentlichung der ersten Auflage im Jahr 2016 hat sich bei mir im Pferdetraining viel getan, denn Stillstand ist meiner Meinung nach Rückschritt. Ich habe neuen Input bekommen und mein Trainingskonzept weiterentwickelt, vor allem um die etwas ängstlicheren Pferde noch besser abholen und ihnen gute Lösungswege anbieten zu können. Aus diesem Grund habe ich mich dazu entschlossen, dieses Buch komplett zu überarbeiten und mit hilfreichem Fachwissen sowie neuen Übungen zu ergänzen. Ich hoffe, dass es Dir gefällt und dazu beiträgt, dass Dein Pferd ein verlässlicher Partner in jeder Situation wird!

Liebe Grüße,
Deine *Yvonne*

Einleitung

Das große Ziel: Ein sicheres und gelassenes Pferd – auch im Straßenverkehr!

Darum ist Gelassenheitstraining so wichtig …

Bailey und ich proben für die Gala-Show vom CHIO Aachen 2023.

Wenn ich mit meiner Quarter-Stute Chex Me durch die Zuschauermengen der *Equitana* 2023 laufe oder durch den Straßentunnel unter der Messe hindurch reite, uns Autos sowie Busse überholen und wir dazu noch von einer lauten Kehrmaschine „verfolgt" werden, dann wird mir immer wieder bewusst, wie wichtig gegenseitiges Vertrauen und eine richtig gute Gelassenheit sind.

Oder meine Stute Bailey, die ich nicht nur durch proppenvolle Messehallen führen kann, ohne dass sie mit den Ohren zuckt, sondern mit der ich auch wie beispielsweise im Dressurstadion beim CHIO Aachen im Scheinwerferlicht und vor Tausenden von klatschenden Zuschauern auf der Hängebrücke balancieren oder im vollen Galopp auf den fahrenden Anhänger springen kann. Dieses Pony macht mich so unglaublich glücklich und stolz – das ist schon etwas ganz Besonderes!

Aber ich weiß auch, dass das nicht selbstverständlich ist. Stets kommen sehr viele Menschen nach meinen Auftritten zu mir und fragen mich, wie ich es schaffe, dass mei-

Vorsicht – nicht nachmachen! Bailey und ich bei einem Stunt zwischen mehreren Autos und LKW.

Nugget und ich unter einer großen Plane.

ne Pferde so tolle gelassene und verlässliche Partner sind. Darüber hinaus habe ich oft Pferdebesitzer in meinen Kursen, die frustriert sind, weil sie das Gefühl haben, ihr Pferd vertraue ihnen nicht. Oder ich bekomme fast täglich Nachrichten von Reitern, die mir berichten, dass ihr Pony durchgegangen ist und sie sich jetzt nicht mehr trauen aufzusteigen.

Ganz ehrlich, ich kann das alles zu 100 Prozent nachvollziehen! Ich selbst komme aus keiner reiterlichen Familie und mir selbst sind in meiner Reiter- und Trainerlaufbahn schon etliche kleinere sowie größere Unfälle passiert. Das, was ich jetzt mit Chex Me und Bailey mache, davon habe ich zu Beginn meiner Reiterkarriere nicht mal zu träumen gewagt!

Aber: Wenn ich das kann, dann kannst Du das auch!

Weil ich überzeugt bin, dass Du das auch schaffen kannst, habe ich alle meine Erfahrungen in meinem Trainingskonzept „Sicher reiten“ zusammengefasst. Dieses Konzept setzt sich aus drei Trainingsbausteinen zusammen:

1. Gut erzogen:
Bodenarbeit für mehr Sicherheit
2. Gut gelassen:
Gelassenheitstraining für mehr Sicherheit
3. Gut geritten:
Rittigkeitsübungen für mehr Sicherheit

In diesem Buch konzentrieren wir uns auf den zweiten Baustein, **GUT GELASSEN**, quasi mein persönliches Spezialgebiet oder anders ausgedrückt „mein Baby", denn damit fing vor einigen Jahren alles bei mir an.

Die anderen Bausteine erkläre ich Dir in meinem Buch „Sicher reiten" (Müller Rüschlikon Verlag), das ich Dir ebenfalls sehr ans Herz lege, wenn Du Dein Pferd vollumfänglich zu einem sicheren und zuverlässigen Partner machen willst.

Ich finde es superwichtig, Pferde an potenzielle Schreckgespenster zu gewöhnen und ihr Verhalten in kritischen Situationen einzuschätzen zu lernen.

Mir persönlich liegt die Sicherheit von Mensch und Tier schon immer sehr am Herzen. Und genau deswegen finde ich es superwichtig, Pferde an potenzielle Schreckgespenster zu gewöhnen und ihr Verhalten in kritischen Situationen einschätzen zu lernen. Nur wann lerne ich meinen Gegenüber am besten kennen? Wenn mein Pony mit etwas Mühe oder Angst hat, dann lerne ich, wie ich meinen Partner abzuholen habe, damit wir wieder gemeinsam auf 100 Prozent kommen. Es ist eine Chance miteinander zu wachsen!

Aus eigener Erfahrung als langjährige Reiterin und Pferdeausbilderin kann ich sagen, dass es einen riesengroßen Unterschied macht, ob man ein mutiges oder ein ängstliches Pferd unterm Sattel hat, denn Pferde sind nun einmal keine Maschinen, sondern große, schnelle sowie kräftige Tiere mit Fluchtreflexen und damit ein potenziell unkontrollierbarer Faktor. Aber durch das Erwerben kontrollierter Erfahrungen im Sinne der modernen Lerntheorie bin ich in der Lage, die Reaktion des Pferdes auf angsteinflößende Situationen zu verändern. Das Verhalten wird dann vom sogenannten

„erworbenen und angeborenen auslösenden Mechanismus“ bestimmt, sprich nicht mehr nur vom Instinkt gesteuert. So kann ich beispielsweise durch eine gezielte Desensibilisierung viele Situationen, die dem Pferd normalerweise Angst machen, effektiv entschärfen, indem das Pferd den Reiz als „nicht wichtig“ einstuft, und somit die Fluchtreaktion auf ein Minimum herunterfahren.

Das ist nicht nur sehr wichtig für die eigene Sicherheit sowie die Gesundheit des Pferdes, sondern ebenso für die Sicherheit unserer Mitmenschen. Denn ich finde auch, dass es unsere Pflicht gegenüber allen anderen Menschen ist zu wissen, wie sein Pferd in kritischen Situationen reagiert, um sein Verhalten in Schreckmomenten besser einschätzen zu können, und das Pferd an potenzielle Schreckmomente zu gewöhnen. Stell Dir nur vor, ich bin mit einem Pferd im Gelände unterwegs; es erschrickt und geht durch. Vielleicht rennt das Pferd dann vor ein Auto. Der im Auto sitzende Familienvater weicht aus, fährt gegen einen Baum ... und kommt nicht mehr nach Hause zu seiner Frau und zu seinen Kindern. Das könnte ich mir nie verzeihen!

Gelassenheitstraining ist darüber hinaus auch extrem wichtig, weil es Pferde mutig und gleichzeitig entspannt macht.

Paulchen und ich lieben Gelassenheitstraining!

Gelassenheitstraining ist darüber hinaus auch extrem wichtig, weil es Pferde mutig und gleichzeitig entspannt macht. Sie lernen mit Stress umzugehen und sich in bedrohlichen Situationen an uns zu orientieren. Nur ein entspanntes Pferd kann wiederum ein gesundes Leben führen und ist in der Lage Neues zu lernen.

Der Reiter lernt auch etwas sehr Wertvolles, nämlich die Körpersprache seines Pferdes besser zu lesen und schon kleinste Anspannungssignale zu erkennen. Das ist für das ganze Reiterleben wichtig! Darüber hinaus gibt es noch einen weiteren positiven Effekt: Gelassenheitstraining stärkt auch die Bindung zwischen Mensch und Tier und man lernt sein Pferd besser kennen. Wenn man kniffligen Situationen immer aus dem Weg geht, nimmt man sich die Chance, sein Pferd richtig kennenzulernen und es in kritischen Situationen zu händeln. Das ist aber sehr wichtig, um eine authentische Partnerschaft führen und auch in schwierigen Momenten dem Pferd helfen zu können.

Und Gelassenheitstraining macht natürlich ganz viel Spaß. Ich liebe es einfach und mache es mit jedem Pferd, das mir anvertraut wird!

Mit Gelassenheitstraining kann man Unfällen effektiv vorbeugen.

Kennst Du die GHP?

Vor einiger Zeit wurde ich gefragt, ob ich die Gelassenheitsprüfung (GHP) für das Pferdemagazin CAVALLO und die Deutsche Reiterliche Vereinigung (FN) überarbeiten kann.

Die GHP für Sport- und Freizeitpferde zeigt, wie gelassen Pferde mit Situationen im Alltag umgehen. Die GHP ist die erste Turnierprüfung, bei der nicht die sportliche Leistung zählt, sondern Charakter, Vertrauen und Erziehung des Pferdes – eben seine Gelassenheit. Bei der Gelassenheitsprüfung geht es nicht nur um das angeborene Temperament, sondern auch um den Gehorsam und das Vertrauen zum Menschen.

Als ich anfing, die GHP zu überarbeiten, habe ich recherchiert, wie gefährlich der Reitsport überhaupt ist. Sehr spannend für mich als Pferdetrainerin sind natürlich Studien über die Ursachen, also warum Unfälle passieren. Hierzu habe ich eine interessante Studie gefunden: In einer Untersuchung des Universitätsklinikums Hamburg-Eppendorf aus dem Jahr 2009 wurden 30 Todesfälle von Reitern ausgewertet. **Die häufigste Unfallursache war ein Scheuen des Pferdes.**

Demzufolge muss man ehrlicherweise sagen, dass die meisten Unfälle mit Pferden wahrscheinlich mit einem guten Gelassenheitstraining vermeidbar wären. Und dementsprechend gibt es eine gute Nachricht: Wir sind nicht hilflos ausgeliefert. Mit einem gezielten Gelassenheitstraining können wir Unfällen aktiv vorbeugen – eine Erkenntnis, die Hoffnung macht!

Um ein Pferd „gut gelassen“ zu bekommen, inszenieren wir im geschützten, sicheren Umfeld alltägliche Zwischenfälle. Mit Fahne, Sack, Schirm, Plane und Bällen stellen wir gefährliche Situationen, die Pferden ohne Training Angst machen können, unter kontrollierten Bedingungen nach, um das Verhalten des Pferdes kennenzulernen und die Stresstoleranzgrenze gezielt nach oben zu verschieben.

Klar ist es ein langer Weg zum absolut gelassenen Pferd, aber es gibt einen Weg und den kann jeder Reiter mit seinem Pferd gehen. In diesem Buch beschreibe ich, wie Du das Gelassenheitstraining richtig angehst, es Schritt für Schritt aufbaust, wie Pferde lernen, mit Stress umzugehen, und auch was hinter ihren Reaktionen steckt. Darüber hinaus gibt es Anleitungen, wie wir Pferden die Angst nehmen und ihnen Sicherheit geben können.

Um ein Pferd „gut gelassen“ zu machen, inszenieren wir alltägliche Zwischenfälle im geschützten, sicheren Umfeld.

Ein sicheres und gelassenes Pferd ist der Traum eines jeden Reiters!

Das ist für Jungpferde enorm wichtig, aber auch ältere Freizeitpferde profitieren davon, denn nur ein gelassenes Pferd wird ein sicherer Partner beim Ausritt oder auf dem Turnier. Gelassenheitstraining ist darüber hinaus auch etwas für gehandicapte Pferde. Sie werden durch die Kopfarbeit gefordert, ohne ihre Körper zu stark zu belasten.

Jedes Pferd reagiert im Gelassenheitstraining anders. Daher gibt es für ein solches Training bei mir auch kein Schema F. Jedes Pferd hat seinen eigenen Charakter und sein eigenes Lernverhalten. Darauf muss ich mich einstellen und es richtig abholen, wie ich Dir auch in diesem Buch erklären werde.

Dieses Training wird Dich und Dein Pferd auf ein ganz anderes Level bringen und dazu beitragen, dass Du künftig hoffentlich einen Partner an Deiner Seite hast, auf den in jeder Situation Verlass ist.

Ich habe versucht, die Übungen sowie wichtiges Hintergrundwissen so einfach wie möglich und gleichzeitig so ausführlich wie nötig zu beschreiben – einfach so, wie ich es auch meinen Kunden im Unterricht erkläre, denn damit habe ich die besten Erfahrungen gesammelt. Dieses Buch erhebt daher keinen Anspruch auf Vollständigkeit und auch keinen Anspruch darauf, ein Fachbuch für Reitlehre, Anatomie oder Biomechanik zu sein. Ich möchte mit einer einfachen Sprache vielmehr Verständnis schaffen und möglichst vielen Reitern und ihren Pferden helfen.

Ich wünsche Dir ganz viel Freude mit diesem Buch!

Ganz liebe Grüße

Deine Yvonne

PS.: Dieses Buch ist ein Ratgeber, in dem ich versuche, Dir so viele nützliche Infos und praktische Tipps wie möglich zu geben, aber ich kann Dir keine hundertprozentige Erfolgsgarantie versprechen, denn jedes Pferd ist anders und reagiert dementsprechend nicht unbedingt gleich gut auf alle Übungen und Tipps in diesem Buch.

Aus diesem Grund gibt es bei mir im Training auch kein Schema F.
Ich finde, Pferdetraining ist eine ganz individuelle Sache und es kommt regelmäßig vor, dass ich meinen Trainingsansatz überdenke oder sogar ganz verwerfen muss, wenn ich merke, dass ich mit einer Übung nicht weiterkomme.

Extrem wichtig ist nicht nur das richtige Training des Pferdes, sondern es kommt auch immer darauf an, wie der Pferdebesitzer beziehungsweise Reiter die Tipps umsetzt und wie die äußerlichen Rahmenbedingungen sind.

Natürlich versuche ich Dir und Deinem Pferd mit diesem Buch so gut wie möglich aus der Ferne zu helfen, jedoch kann dieses Buch keinesfalls die Unterstützung eines guten Trainers ersetzen, der Dir hilft, wenn Du mit Deinem Pferd nicht weiterkommst. Gerne darfst Du Dich in solch einem Fall auch an mich wenden:

Mobil: 0172 480 7827
Mail: info@yvonne-gutsche.de
Instagram: @yvonnegutsche

Ein gelassenes Pferd so wie meine Bailey ist einfach die allerbeste Sturzversicherung.

Positive Effekte des Gelassenheitstrainings

Mehr Sicherheit

Pferde sind von Natur aus Fluchttiere. Ich finde, dass es ist die Pflicht eines jeden Reiters gegenüber allen Menschen ist, dass man weiß, wie sein Pferd in kritischen Situationen reagiert, um sein Verhalten in Schreckmomenten besser einschätzen zu können, und dass wir das Pferd an potenzielle Angstauslöser gewöhnen. Und nicht zu vergessen ist ein gelassenes Pferd auch die **beste Sturzversicherung** des Reiters!

Pferd & Mensch werden ein tolles Team

Gelassenheitstraining nützt längst nicht nur dem Pferd, sondern auch dem Reiter. Er lernt die Körpersprache seines Pferdes besser zu lesen und kleinste Anspannungssignale zu erkennen. Zudem lernt der Reiter die Reaktionen des Pferdes einzuschätzen und im Alltag in kniffligen Situationen besser zu reagieren.

Wenn man schwierigen Situationen immer aus dem Weg geht, nimmt man sich hingegen die Chance, sein Pferd richtig kennenzulernen und es in kritischen Situationen zu händeln. Das ist aber extrem wichtig, um eine authentische Partnerschaft führen zu können und auch in schwierigen Momenten dem Pferd helfen zu können. Kurzum: **Gelassenheitstraining schweißt Pferd und Mensch zusammen!**

Nur ein entspanntes Pferd kann Neues lernen

Pferde lernen umso besser, je gelassener sie sind. Anspannung dient vor allem dazu, möglichst schnell fluchtbereit zu sein. Wenn der Wolf im Gebüsch lauert, entscheiden Sekundenbruchteile über Leben und Tod. Also sind alle Muskeln im Pferd aktiviert, um so schnell wie möglich reagieren zu können. Dafür verwendet das Pferd die gesamte gerade verfügbare Energie. Für das Lernen neuer Bewegungen oder Kunststücke bleibt nichts mehr übrig. In diesem Zustand ist Training nutzlos.

Losgelassenheit ist ein zentraler Punkt der Ausbildung

Stell Dir vor, Du bist auf einem Dressurturnier und Du hast die Prüfung gewonnen. Herzlichen Glückwunsch! Bei der Siegerehrung tanzt Dein Pferd jedoch aus der Reihe und lässt sich nicht die Schleife an der Trense befestigen. Wie peinlich!

Solch eine Situation zeigt, was passiert, wenn man den zweiten Baustein der Skala der Ausbildung der Deutschen Reiterlichen Vereinigung (FN) übergeht: die Losgelassenheit des Pferdes.

Laut Richtlinien sollte dieses Basiselement zu jedem Moment und Stand der Ausbildung vorhanden sein. Damit gemeint ist zum einen die körperliche Losgelassenheit. Die hat nichts mit schlaffen Pferden zu tun, sondern viel mehr damit, dass die Tiere physisch so locker sind, dass sie raumgreifende Gänge entwickeln, der Rücken schwingt und die Hinterhand aktiv unter den Schwerpunkt fußen kann.

Die andere Komponente ist die Gelassenheit vom Kopf her. Die Pferde sollten eine gewisse Nervenstärke an den Tag legen, um sich nicht aus der Ruhe und Konzentration bringen zu lassen.

Kurzum: Nur ein Pferd, welches psychisch und physisch losgelassen ist, kann zu seiner vollen Leistungsbereitschaft und Leistungsfähigkeit kommen. Das ist nicht nur für Bailey wichtig, wenn sie in der Stunt-Show auf den Anhänger galoppiert, sondern auch für alle anderen Lebenslagen mit dem Pferd – wie beispielsweise der Siegerehrung auf einem Turnier.

Gelassenheitstraining schweißt Pferd und Mensch zusammen.

Bevor es losgeht

Es gibt keinen perfekten Reiter, nur ein perfektes Team.

Welcher Typ ist Dein Pferd?

Es gibt keinen perfekten Reiter, nur ein perfektes Team.

Jedes Pferd ist ein Unikat. Aus diesem Grund gibt es bei mir wie bereits beschrieben auch kein Schema F oder *DEN* einen richtigen Weg im Gelassenheitstraining. Was für das eine Pferd der Königsweg ist, kann für ein anderes kontraproduktiv sein. **Im Training ist es für mich sehr viel wichtiger, die Pferde passend zu ihrem Charakter, ihrem Lernverhalten und unter Berücksichtigung ihres Körperbaus auszubilden**, denn so haben es das Pferd und ich am einfachsten. Der faire und feine Umgang mit den Tieren steht dabei stets an erster Stelle.

Um herauszufinden, wie ich das jeweilige Pferd am besten trainiere, orientiere ich mich an der Typeneinteilung der Traditionellen Chinesischen Medizin (kurz: TCM). Damit habe ich bislang sehr gute Erfahrungen gemacht. An dieser Stelle möchte ich Dir gerne einen Überblick über die unterschiedlichen Pferdetypen gemäß der TCM geben, denn bei den einzelnen Übungen verzichte ich weitgehend darauf, weil das einfach den Rahmen dieses Buches sprengen würde. Dafür bitte ich um Verständnis.

Der Lebertyp

Ein eher unerschrockenes, dominantes und mutiges Pferd, das zu Aggressivität neigt. Meistens ist das Leberpferd gut bemuskelt und hat einen hohen Muskeltonus. Stuten in diesem Typ gelten als zickig. Generell sind Leberpferde eher verspannt, wirken launisch und nutzen Reiterfehler aus.

Lebertypen sind zwar dominant, aber deswegen keineswegs souverän. An

Warmblut-Stute Sally ist ein klassischer Lebertyp.
Foto: Lisa Rädlein

dem Punkt, wo der Lebertyp Stress hat, kann er auch aggressiv gegenüber Menschen werden. Hier ist es wichtig, auf dem schmalen Grat zu arbeiten, wo das Pferd noch gerne mitmacht, ohne zu viel Stress zu bekommen. Reiter beziehungsweise Besitzer von Leberpferden müssen daran arbeiten, ihr Pferd konsequent zu führen. Dazu gehören eine klare Körpersprache, Souveränität und Selbstsicherheit.

Achtung: Hat der Lebertyp schon die Weltherrschaft an sich gerissen, sodass man etwas an der Rangordnung arbeiten muss, kann das Leberpferd wie ein Boomerang zurückkommen und den Menschen angreifen. In diesem Fall sollte man sich unbedingt Hilfe von einem Profi holen, sonst kann das richtig gefährlich werden.

Tipp: Grundsätzlich sind beim Leberpferd eine gute Vorbereitung durch das Führtraining und körpersprachlich korrektes Longieren das A und O. Gut vorbereitete Lebertypen haben im Gelassenheitstraining selten Schwierigkeiten.

Die richtige Haltung und Fütterung für coole Pferde

Diese Punkte sind bei der Haltung extrem wichtig: Alle Pferde, die artgerecht gehalten werden, sich wohlfühlen und ausgeglichen sind, machen in der Regel weniger Probleme bei der Ausbildung und auch im Gelassenheitstraining. Worauf ich bei der Haltung und Fütterung großen Wert lege und womit ich die besten Erfahrungen gemacht habe, erfährst Du hier:

Pferde sind von Natur aus Lauftiere und brauchen dementsprechend viel Bewegung an der frischen Luft. Falls sie nicht in einem Offenstall oder Laufstall gehalten werden, sollten sie viel Zeit auf der Weide oder dem Paddock mit anderen Pferden verbringen dürfen. Eine Paddockbox ersetzt keine Bewegung auf der Weide; der Paddock dient lediglich dazu, frische Luft zu schnappen.

Je reizärmer Pferde gehalten und trainiert werden, desto aufregender sind unbekannte Dinge und desto schreckhafter werden die Pferde im Umgang und beim Reiten sein. Deswegen ist die Praxis, die früher noch in so manchem Reitstall herrschte, die Pferde von allen schreckauslösenden Reizen fernzuhalten, ziemlich unsinnig. Pferde, die

Eine artgerechte Haltung ist das A und O – auch für meinen Muli Charly.

größtenteils in einer dunklen Innenbox ohne Fenster stehen, können ihre Neugier nicht befriedigen. Ich habe deswegen einige Boxen mit Fenstern zur Reithalle. So bekommen die Pferde nebenbei alles mit, was in der Reithalle passiert und gewöhnen sich ganz zwanglos an Trubel.

Nicht selten wundert man sich, warum ein Pferd von Grund auf und ohne ein gezieltes Gelassenheitstraining besonders gelassen und ein anderes wiederum ein totales Nervenbündel ist, obwohl sie sich beide in der gleichen Situation befinden. Wie ängstlich ein Pferd ist, ist zum einen genetisch vorgegeben, zum anderen spielen individuelle Erfahrungen meiner Meinung nach eine sehr wichtige Rolle. So neigen Pferde aus einer reizarmen Umgebung grundsätzlich deutlich schneller zum Scheuen als solche, die tagtäglich Traktoren, Autos, spielende Kinder etc. beobachten können. Wird ein Pferd fast ausschließlich isoliert in einer Box gehalten, ist die Reizschwelle deutlich niedriger. Die Folge: Jedes noch so unwichtige Ereignis im monotonen Tagesablauf erhält eine überdimensionale Bedeutung für das Pferd und sie erschrecken wegen „Nichts“.

Aus diesem Grund bleiben meine eigenen sowie die mir anvertrauten Pferde auf meinem Hof vor nichts verschont: Ob laute Traktoren, vorbeidüsende Autos, wehende Fahnen, frei laufende Hunde, spielende Kinder und natürlich auch Tobsy, mein Waschbär. Bei mir auf dem Hof und rund um die Anlage ist immer etwas los. Pferde, die das nicht gewöhnt sind, gucken anfangs schon etwas irritiert. Spannend zu beobachten ist aber, wie schnell sie sich an den Trubel gewöhnen.

Das Pferd auf diese Weise an bestimmte Gegenstände, Geräusche oder Situationen zu gewöhnen, nennen Wissenschaftler „Habituation“. Dabei passiert im Pferdegehirn unterbewusst Folgendes: Alle Reize, die zu keiner Konsequenz – egal ob negativ oder positiv – führen, werden in die Schublade „egal – nicht gefährlich“ einsortiert.

Bei mir auf dem Hof ist immer etwas los! Der Vorteil: Die Pferde lernen vieles kennen und kategorisieren es als „egal – nicht gefährlich“. Foto: Lisa Rädlein

Neben diesem „passiven" Lernen ist mir auch noch besonders wichtig, dass meine und die mir anvertrauten Pferde selbstständig, also „aktiv" möglichst viele neue Reize erkunden können. Das führt erwiesenermaßen ebenfalls langfristig zu einer Reduktion des Fluchtverhaltens – und das ganz ohne menschliches Zutun. In freier Wildbahn ist das Erkunden eine wesentliche Voraussetzung für ein langes Leben. Dadurch lernen Pferde nicht nur ungefährliche von gefährlichen Situationen zu unterscheiden, sondern sie lernen auch, wie man eine unnötige Flucht und einen damit verbundenen Energieverlust vermeiden kann. Dieses Verhalten bezeichnet man auch als angeborenes Neugierverhalten. Ein toller Nebeneffekt: Auf diese Weise wird wissenschaftlich bewiesen nicht nur das Wohlbefinden des Pferdes, sondern auch seine Leistungsfähigkeit gesteigert.

Zur Gewöhnung und um das Neugierverhalten zu fördern, gestalte ich meinen Hof ständig um – wie bei „Schöner Wohnen"! Ich gewöhne Pferde gerne an bewegliche Gegenstände und Geräusche, indem ich beispielsweise Flatterband am Stall aufhänge, Luftballons am Weidepfosten festbinde oder Wassersprinkler auf den Paddock stelle. Um Pferden die Angst vor dem Anhänger zu nehmen, parke ich meinen Anhänger auf der Weide oder auf dem Paddock. Dann können die Pferde den Anhänger nach Lust und Laune erkunden. Meinen Anhänger mit Frontausstieg parke ich auch gerne zwischen Stall und Weide, sodass die Pferde durch ihn durch laufen müssen, wenn sie auf die Weide wollen. So verliert das „Anhänger-Monster" ganz schnell an Gruselfaktor. Wichtig dabei ist, dass man die Deichsel polstert und den Anhänger unterbaut, damit er nicht wippt. Auch sollte man darauf achten, dass nichts absteht, woran das Pferd sich verletzen könnte.

Auch super: Um Pferde an unterschiedliche Böden zu gewöhnen, lege ich gerne mal zwischen Box und Anbindeplatz, am Weidetor oder beim Eingang zum Reitplatz eine Plane auf den Boden.

Indem Pferde die Möglichkeit haben, möglichst viele vermeintlich gruselige Dinge ganz in Ruhe selbst zu erkunden, lernen sie quasi wie von selbst, haben weniger Stress und werden immer cooler. Das ist doch großartig, oder? Darüber hinaus bilden sich neuronale Verbindungen im Gehirn und es steigt die Chance, dass das Pferd bei ähnlichen gruseligen Situationen einen ähnlichen Lösungsweg sucht, sprich es wird nicht mehr erschrecken und stattdessen den Gegenstand beschnüffeln.

Am besten ist es natürlich, wenn man bereits Fohlen an so viele neue Dinge wie möglich heranführt, denn die Lernkurve ist in den ersten sechs Monaten für solche Dinge extrem hoch. So legt man einen richtig tollen Gelassenheitsgrundstein für ein ganzes Pferdeleben!

Diese Punkte sind auch bei der Fütterung extrem wichtig, denn auch die Fütterung ist ein wichtiger Faktor, um gelassene Pferde zu erhalten. Tatsächlich sind nervöse Pferde manchmal auch einfach nur das Ergebnis einer falschen Fütterung! Alle Pferde bei mir im Stall bekommen sehr viel Raufutter (Heu), wenig Kraftfutter und ein gutes Mineralfutter.

Rund um das Thema Gelassenheit hat sich in den vergangenen Jahren ein großer Markt entwickelt: Pülverchen für starke Pferdenerven, spezielle Apps, die das Pferdegemüt mithilfe akustischer Reize beruhigen sollen und so weiter. Mit der Angst der Reiter lässt sich gut Geld verdienen.

Ich möchte all diese Angebote nicht schlechtreden. Sie können natürlich unterstützend wirken ... Wozu ich jedoch anregen möchte, ist, sich immer vor dem Kauf von Beruhigungsmittelchen und Co. zu fragen: Warum ist mein Pferd so, wie es ist? Schreckhaftes Verhalten bekomme ich mit großer Wahrscheinlichkeit nicht durch ein Pulver weggefüttert und Nervosität beim Ausreiten nicht durch Wellness-Klänge aus dem Handy in den Griff.

Es gibt Gründe, warum unsere Pferde so handeln wie sie handeln. Das muss ich als Reiter hinterfragen und aktiv gegensteuern. Deswegen bin ich der Überzeugung, dass wir uns Gelassenheit und damit auch Sicherheit grundsätzlich nicht erkaufen können. Wir müssen sie uns erarbeiten und die beste Prävention ist erwiesenermaßen eine gute, fundierte Ausbildung von Pferd und Reiter!

Der Nierentyp

Dieser Pferdecharakter ist sehr eifrig, lernbereit, aber auch ängstlich. Nierentypen kann man schnell überfordern und alles, was neu ist, regt sie auf. Eigentlich lernen Nierenpferde schnell, können sich aber nicht lange konzentrieren und bringen Lektionen durcheinander.

Nierentypen sind sehr sensibel und brauchen sehr viel Zeit, um mit neuen Reizen im Gelassenheitstraining klarzukommen. Diese Pferde müssen analysieren und sich neue Dinge anschauen dürfen. Neue Reize sollte man bei Nierenpferden nur langsam steigern, sonst reagieren sie sehr heftig und regen sich auf. Gerne bindet sich der Nierentyp an ein anderes Pferd, sprich es hilft ihm, wenn ein erfahrenes Pferd vorangeht. Ohne Führpferd nimmt der menschliche Partner eine wesentliche Rolle im Gelassenheitstraining ein, indem er bei den unterschiedlichen Hindernissen vorangeht. Erst danach verlange ich vom Nierenpferd, zusammen mit dem Trainer und schließlich eigenverantwortlich die Übungen zu meistern. Nierenpferde tun sich nämlich schwer, sich selbst zu managen. Das Voranschicken ist für Nierenpferde eine große Herausforderung.

Quarter-Stute Chex Me ist ein Nierentyp.
Foto: Lisa Rädlein

Nierenpferde brauchen sehr einfühlsame Reiter beziehungsweise Trainer, die sie an die Hand nehmen und vor allem erkennen, wenn sie Stress haben. Manchmal sieht man dem Nierentyp den Stress nicht offensichtlich an und überfordert diese Pferde unabsichtlich mit zu viel Input, zu wenigen Pausen, zu langem Training oder zu schnellen Abfolgen. Diese Pferde brauchen viel Zeit, um Dinge zu verarbeiten. Nierenpferde sind eher introvertiert und fressen Stress in sich hinein. Sie sind dadurch prädestiniert für Magenprobleme oder sogar Magengeschwüre. Achte daher im Training schon auf kleinste Stressanzeichen wie zum Beispiel zusammengekniffene Lippen, starre Augen oder hochgezogene Nüstern. Deutlichere Stresszeichen wie geblähte Nüstern, aufgerissene Augen und vibrierende Lippen sieht man Nierenpferden nicht immer an.

Der Milztyp

Beim Milztyp handelt es sich um ein sehr ausgeglichenes Pferd, das dabei aber nicht ganz so leistungsbereit ist. Bei zu großem Druck zieht es sich zurück. Hat es etwas gelernt, ist es für immer gespeichert. Milzpferde sind gute Anfängerpferde, weil sie auch viel verzeihen und reiterliche Fehler nicht krummnehmen. Durch den niedrigeren Muskeltonus neigen Milztypen von Natur aus nicht so schnell unter Verspannungen und dösen oft mit hängender Unterlippe. Ich bezeichne den Milztyp gerne auch als „Balou, der Bär".

Kurgestütler-Stute Navajo entspricht dem Milztyp.
Foto: Lisa Rädlein

Milztypen sind im Training eher unauffällig. Sie mögen es gemütlich, denken mit und es dauert sehr lange, bis solch ein Pferd heftig reagiert. Milzpferde steigern sich selten in etwas hinein. Schwierig wird es nur, wenn es dann doch mal beschließt, etwas nicht zu tun oder falls es etwas nicht versteht. Dann kann der Milztyp sehr stur werden. Bevor das Pferd alle Schotten dicht macht, teile die Übung am besten in kleinere Schritte auf.

Der Herztyp

Diese Pferde können sich wegen jeder Kleinigkeit furchtbar aufregen. Ihr Temperament ist überschäumend und ist der Herztyp einmal erregt, kommt er nur schlecht wieder runter. Im ruhigen Zustand sind Herzpferde aber eher coole Pferde und nicht grundsätzlich ängstlich.

Herztypen sind die Drama-Queens unter den Pferdecharakteren. Müssen sie ihre Komfortzone verlassen,

Quarter-Stute Twist ist ein Herztyp.
Foto: Lisa Rädlein

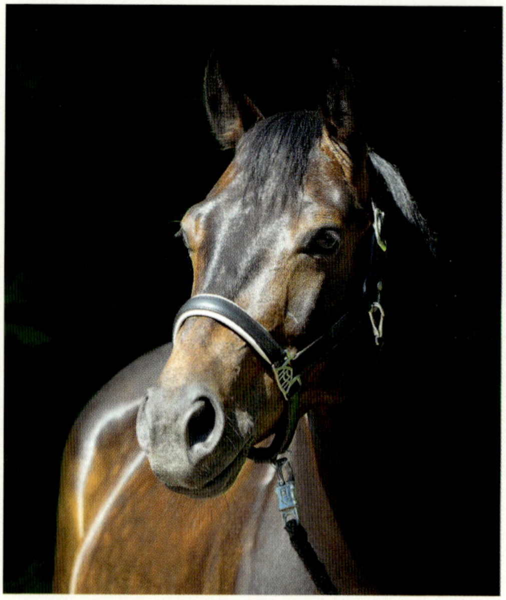

Quarter-Horse Otto ist ein Lungentyp.
Foto: Lisa Rädlein

steigern sie sich richtig hinein und wirken kopflos. Ein Beispiel: In der Reithalle steht ein Stuhl, der vorher nicht da war, oder ein Hund rennt in der Reithalle herum. An einem Tag werden sie plötzlich zum Problem, obwohl sie sonst keins waren.

Herztypen muss man manchmal mit Respekt einfordernden Übungen wie Rückwärtsrichten aus ihrem Tunnel holen. Bei dieser Lektion ist es ganz wichtig, dass der Druck – sobald das Pferd rückwärts tritt – sofort wieder weggenommen und dem Pferd Zeit zum Nachdenken gegeben wird.

Herztypen profitieren besonders von einer guten Grunderziehung. Es ist wichtig, dass sich das Pferd schicken lässt sowie weichen und nachzugeben lernt. Das Seitwärtsweichen hilft Herzpferden in Stresssituationen besonders, weil sie dabei wieder ihren Kopf einschalten müssen, um die Beine richtig zu setzen. Generell hilft es Herzpferden, wenn sie bei Stress eine Aufgabe bekommen, die sie gut meistern können.

Der Lungentyp

Lungenpferde sind sehr ausgeglichen und zeigen große Freude bei der Arbeit. Sie sind Neuem gegenüber vorsichtig, reagieren aber nicht ängstlich. Lungenpferde sind außerdem selbstsicher, leistungsbereit und kontaktfreudig.

Lungentypen sind sehr umgängliche Pferde, sehr freundlich, offen und neugierig. Sie machen im Training prima mit, brauchen aber Zeit, wenn sie doch einmal Angst haben. Lungenpferde haben ein gutes Selbstmanagement, können also gut eigenverantwortlich arbeiten. Sie brauchen weder den Menschen noch andere Pferde, um sich etwas zu trauen. In meinen Kursen hat es sich gezeigt, dass Lungenpferde sehr offen für neue Dinge sind.

Die Mischtypen

Nicht alle Pferde lassen sich genau einem Typ zuordnen, daher gibt es auch Mischtypen. Meine Bailey zum Beispiel ist eine Mischung aus Lunge und Milz. Sie trägt einerseits Anfänger zuverlässig von A nach B und ist im Alltag völlig cool. Auf Messen oder bei Shows ist sie aber wach und leistungsbereit – da kommt die Lunge zum Vorschein!

Meine Bailey ist ein sogenannter Mischtyp. Foto: Lisa Rädlein

Wenn man sich unsicher ist …

Hin und wieder lernt man Pferde kennen, bei denen man nicht so recht einschätzen kann, um welchen Pferdetyp es sich handelt. Das passiert mir auch ab und zu.

Wenn Du unsicher bist, welcher Pferdetyp Dein Pferd ist, dann kannst Du es vorerst in **extrovertiert und introvertiert** einteilen. Das wird Dir helfen und gibt Dir Zeit, bis Du Dein Pferd im Gelassenheitstraining besser kennengelernt hast und es genauer beurteilen kannst.

Das **extrovertierte Pferd** zeigt, was es fühlt, ist gesellig und hat meist viel Temperament. Dafür lässt es sich aber auch schnell ablenken. Dieser Pferdetyp will „Party", muss beschäftigt und kann wild bespielt werden. Allerdings ist es auch wichtig, dass das Pferd lernt zur Ruhe zu kommen und auch einmal zu warten.

Der **introvertierte Typ** gibt nicht viel von sich preis. Man sieht ihm oft nicht an, wenn er kurz vorm Explodieren steht. So bemerkt man Probleme auch meistens erst dann, wenn sie fast schon ein kritisches Stadium erreicht haben. Introvertierte Pferde sind gerne mal alleine und schließen sich nicht so schnell Menschen an. Sie brauchen Ruhe im Training und eine vorsichtige Annäherung.

Pferde haben zwar einen Grundcharakter, diesen kann man aber durch Erziehung und Führung beeinflussen. Angenommen ich habe einen Herztyp, also eine kleine Drama-Queen. Durch ein gutes Training bekomme ich diesen Pferdetyp so zuverlässig wie einen Lungentyp. Dementsprechend möglich ist es aber auch, dass ich – durch falsches Training beispielsweise – einen Milztyp richtig cholerisch machen kann.

Gut vorbereitet

Nichts ist wertvoller als das Vertrauen eines Pferdes.

Das beste Equipment fürs Gelassenheitstraining …

Ich bin absolut kein Materialfetischist. Deswegen empfehle ich jedem Reiter und Pferdebesitzer grundsätzlich das Equipment zu nehmen, womit er beziehungsweise sie am liebsten arbeitet und sich sicher fühlt und auch das Pferd sich wohlfühlt. Wir finden manchmal ein gewisses Equipment super toll, aber ob es dem Pferd gefällt und es das mag, ist bekanntlich noch mal ein ganz anderes Thema. Trotzdem möchte ich an dieser Stelle ein paar Gedanken zum Equipment festhalten, um Dich bei der Auswahl zu unterstützen:

Für mich am allerwichtigsten

Um Verletzungen vorzubeugen, sollte der Reiter beziehungsweise Pferdebesitzer grundsätzlich **festes Schuhwerk und Handschuhe** tragen.

Am Pferdekopf

Ob Du lieber mit einem normalen Stallhalfter, einem Knotenhalfter oder einem Kappzaum arbeitest, ist im Prinzip egal. Hier die Vor- und Nachteile, die ich dazu herausgefunden habe:

Um Verletzungen vorzubeugen, trage ich beim Gelassenheitstraining Handschuhe.

Ich arbeite im Gelassenheitstraining am liebsten mit einem gut passenden Kappzaum.

- Ein Stallhalfter hat eine große Auflagefläche, wirkt somit sehr sanft, aber man kann damit nicht gezielt einwirken.
- Ein Knotenhalfter ist dünner und wirkt gezielter auf Nase und Genick. Dadurch können feinere Signale gegeben werden. Allerdings muss man berücksichtigen, dass ein Knotenhalfter auch sehr scharf sein kann und unbedingt richtig verschnallt werden sollte.
- Mit einem Kappzaum kann man den Pferdekopf sehr gut kontrollieren und das Pferd schön stellen. Deswegen nutze ich sehr gerne einen Kappzaum. Ganz wichtig ist, dass der Kappzaum dem Pferd gut passt.

Der Strick

Wie lang der Strick sein sollte, ist Geschmackssache. Ich empfehle Dir zunächst mit einem ganz normalen Führstrick zu üben, der gut zwei Meter lang ist. Später, wenn Du Dein Pferd auch aus einer etwas größeren Entfernung dirigieren willst, ist ein vier Meter langes Seil praktisch.

Ich bevorzuge eine lange Dressurgerte als Kommunikationsmittel. Foto: Lisa Rädlein

Ich persönlich bevorzuge einen dünnen Strick aus Naturfaser, da dieses Material nicht so heiß in der Hand wird, wenn das Pferd mal unerwartet lossprintet.

Vorsicht beim Training mit Kappzaum: Benutze am Kappzaum stets kleine, feine Karabiner wie man sie oft an Longen findet oder ein Seil mit Zügelsnaps aus dem Westernbedarf. Ein großer Panikhaken oder Bullsnap ist ungeeignet, weil er auf die empfindliche Pferdenase schlägt.

Hilfsmittel in der Hand

Ich nutze gerne leichte, filigrane Gerten wie eine lange Dressurgerte oder Bogenpeitsche. Sie sind quasi mein verlängerter Arm und ich kann das Pferd damit gut dirigieren.

Ganz wichtig ist mir jedoch dabei, das Pferd zunächst an eine Gerte zu gewöhnen, sprich zu desensibilisieren, denn viele Pferde haben schon so einige negative Erfahrungen mit diesem Hilfsmittel gesammelt und die besten Übungen machen keinen Sinn, wenn das Pferd aufgrund

Ich gewöhne jedes Pferd zunächst an die Gerte, damit es keine Angst davor hat.

der Anwesenheit einer Gerte angespannt ist oder davoneilt.

So klappt die Gewöhnung an die Gerte: Ich starte so, als würde ich das Pferd an einen Reizauslöser/unbekannten Gegenstand gewöhnen, nämlich über Annäherung und Rückzug: Die Gerte befindet sich in meiner Hand – es passiert dabei aber nichts. Dann nehme ich die Gerte wieder weg. Wenn ich merke, dass mein Pferd sich anspannt, lasse ich es den Kopf absenken (siehe Seite 53f.). Das wiederhole ich so lange, bis das Pferd dabei cool bleibt und ich es irgendwann auch mit der Gerte abstreichen kann, ohne dass es dabei Stress hat. Klappt das im Stand, kannst Du damit beginnen, mit einer abwärtsstreichenden Bewegung Richtung Sprunggelenk den Schritt einzuleiten und zu schauen, wie das Pferd in Bewegung auf die Gerte reagiert.

Bei mir gibt es kein Schwarz-Weiß-Denken beim Equipment. **Nichts ist grundsätzlich gut oder schlecht.** Meine Hand kann ein Pferd streicheln, sie kann es aber auch schlagen. So verhält es sich auch mit Gerte, Sporen und Co. Es kommt immer darauf an, was der Mensch daraus macht und wie er das Equipment einsetzt.

Mein Team und ich mit ganz vielen Sachen, die wir fürs Gelassenheitstraining benötigen.

Und sonst?

Hinzu kommt das Equipment für die Gelassenheitsübungen wie eine Plane oder Ähnliches. Was Du dafür brauchst und wie Du welches Hindernis am besten aufbaust, beschreibe ich bei der jeweiligen Übung.

Der ideale Trainingsort

Eine wichtige Voraussetzung für ein erfolgreiches Gelassenheitstraining ist außerdem ein fest eingezäunter Reitplatz oder eine Reithalle, denn es kann schon mal vorkommen, dass sich ein Pferd vor Schreck losreißt. Damit die Verletzungs-

gefahr für das Pferd gering bleibt, solltest Du außerdem auf einen rutschfesten, ebenen und nicht zu tiefen Boden achten.

Ebenso darf das Pferd beim Gelassenheitstraining nicht angebunden werden.

Das beste Warm-up

Der Weg ist das Ziel – im Leben wie im Umgang mit Pferden.

Der Weg ist das Ziel – im Leben wie im Umgang mit Pferden.

Bevor Du mit dem Gelassenheitstraining startest, musst Du Dein Pferd bitte gut aufwärmen. Zwar werden beim Gelassenheitstraining die Knochen, Gelenke und Muskeln nicht besonders stark belastet, trotzdem kann Dein Pferd einmal wegspringen und sich im „kalten“ Zustand Sehnen, Bänder oder Muskeln zerren. **Eine Faustregel besagt, dass durch zehn- bis fünfzehnminütiges Schrittgehen die Pferdegelenke optimal geschmiert und die Durchblutung der Muskulatur angeregt wird.** Sollte das Pferd direkt aus der Box ins Training kommen, ist die Aufwärmzeit länger als bei Tieren, die von der Weide kommen oder die in einem Laufstall ohnehin ständig in Bewegung sind.

Damit Dir und Deinem Pferd dabei nicht zu langweilig wird, habe ich das perfekte Warm-up für Euch! Die Übungen in diesem Kapitel wärmen Euch beide optimal auf und schaffen nebenbei auch die perfekte Grundlage für das Gelassenheitstraining, indem sie Dein Pferd aufmerksam auf Dich und Deine Signale machen.

Meine Oma hat immer gesagt, dass die Welt an Anstand, Höflichkeit, Stil und Etikette noch nicht zugrunde gegangen ist. Auch ich finde, dass höfliche Umgangsformen einfach das A und O sind – im Wohnzimmer wie im Stall. Wie wichtig das ist, hat mir nicht nur meine Oma mit in die Wiege gelegt, sondern ebenso die Cowboys in den USA und in Kanada, wo ich früher gearbeitet habe. Für sie gehörte das ABC am Boden zum Training von Pferd und Reiter dazu wie das tägliche Heu in die Raufe. Erst wenn das Pferd am Boden höflich und anständig war, durfte man aufsteigen und reiten.

Und auch heute bin ich überzeugt, dass man eine richtig gute Basis für alles Weitere legt, wenn man einem Pferd solche grundsätzlichen Dinge wie ruhiges Stehenbleiben, Weichen oder Rückwärtsgehen auf feine Signale sorgfältig beibringt. Nebenbei stärkt man beim Üben solcher Basics auch die Partnerschaft zwischen Pferd und Mensch. Das Pferd lernt den Menschen als einen kompetenten und vertrauensvollen Anführer anzuerkennen und ihm auch einen gewissen Respekt entgegenzubringen. Ich sage dazu immer: „Aus Erziehung wird Beziehung.“

Höfliche Umgangsformen sind das A und O. Damit legt man eine gute Basis für alles Weitere.

Im Laufe der Jahre habe ich mein ganz eigenes Warm-up-Training entwickelt, das alle meine eigenen und auch die mir anvertrauten Pferde täglich durchlaufen. Dabei ist es ganz egal, ob es sich um ein Western-, Dressur- oder Springpferd handelt und es ist auch egal, wie alt das Pferd ist und auf welchem Ausbildungsniveau sich das Pferd befindet. Jedes Pferd kann davon profitieren.

Meine sieben Lieblings-Warm-up-Übungen

Es gibt ein paar Übungen, die wärmen nicht nur Pferde richtig gut auf, vielmehr sind diese Übungen für mich auch einfach das A und O für einen sicheren Umgang mit dem Pferd und somit auch die Basis für ein gutes Gelassenheitstraining:

1. Kopfabsenken
2. Führtraining
3. Weichen
4. Schicken
5. Körpersprachliches Longieren
6. Führen-in-Stellung
7. Übertreten

Ich erkläre Dir die Übungen auf den folgenden Seiten Schritt für Schritt. Damit sie gelingen, solltest Du bitte noch diese Tipps beachten, die für alle Übungen relevant sind:

Die alles entscheidende Frage, um die sich meine Basisübungen sowie alle Gelassenheitsübungen drehen, ist: **Wer bewegt wen?** Diese Frage wurde in den vergangenen Jahren durch meinen sehr geschätzten Trainerkollegen Mike Geitner immer

Die alles entscheidende Frage, um die sich meine Basis-Übungen sowie alle Gelassenheitsübungen drehen, ist: Wer bewegt wen?

wieder in den Fokus der Reiterwelt gerückt. Zu Recht!

Derjenige, der bewegt, führt, trifft wichtige Entscheidungen und sichert somit das Überleben (in den Augen des Pferdes). Diese Erkenntnis ist vom natürlichen Verhalten der Pferde untereinander abgeleitet. Sie machen das genauso. Das kann man auch immer wieder sehr schön auf der Weide beobachten.

Um Dein Pferd zu bewegen und zu führen, brauchst Du Dich jedoch nicht wie ein Pferd verhalten und die Ohren anlegen. Ich nutze stattdessen mein sogenanntes **Konzept der Raumarbeit**. Dabei mache ich dem Pferd freundlich klar, dass ich IMMER Herrin der Lage bin und IMMER entscheide, wann wir wohin gehen und wie schnell wir uns bewegen (auch bei Gefahr).

Wenn ich mein Pferd etwa beim Longieren etwas schneller machen möchte, muss ich den Raum hinter ihm einnehmen. Und wenn ich es stoppen möchte, schließe ich den Raum vor ihm.

Als souveräner Herdenführer nehme ich Räume ein oder öffne sie, indem ich mit dem Pferd über meine Körpersprache kommuniziere. Im Idealfall sollte das Pferd schon auf feinste Hilfen wie beispielsweise allein nur auf meine Gedanken oder meinen Blick reagieren. Das Prinzip, mit dem ich das erreiche, nennt man in der Verhaltenswissenschaft auch Sensibilisierung, sprich ich will mein Pferd feiner und sensibler auf meine Hilfen machen. Das funktioniert durch eine simple, aber ebenso geniale und zugleich von der Pferdesprache abgeleitete Methode: **FRAGEN, VERSTÄRKEN und DURCHSETZEN**, bis eine adäquate Reaktion des Pferdes erfolgt.

In der Natur sieht das beispielsweise so aus: Pferd A möchte Pferd B von einem bestimmten Platz wegbewegen. Dazu bewegt Pferd A zunächst seinen Kopf Richtung Pferd B und legt die Ohren an. Pferd A signalisiert damit ganz deutlich: „Schleich Di!“ (Fragen). Reagiert Pferd B nicht, dreht Pferd A die Hinterhand Richtung Pferd B (Verstärken). Passiert dann immer noch nichts, keilt Pferd A aus (Durchsetzen).

Wenn man Pferde in der Herde beobachtet, stellt man fest, dass häufig nur böse Blicke ausgetauscht oder die Ohren angelegt werden. Es reicht also oft schon ein „Fragen“, damit das andere Pferd reagiert. Die Pferde scheinen also zu wissen, was kommt, bevor es kommt und wollen eine Eskalation vermeiden.

Beim Rückwärts verstärke ich meine Körpersprache, indem ich einen Flügelschlag mit den Armen mache.

Dieses natürliche Prinzip können wir uns zunutze machen, um mit unserem Pferd ganz fein zu kommunizieren. Ein Beispiel: Ich möchte, dass mein Pferd rückwärts geht. Bei manchen Pferden reicht allein schon dieser Gedanke, damit sie reagieren. Das ist total magisch! So fein kann Kommunikation sein.

Die meisten Pferde müssen das allerdings erst lernen: Dafür frage ich mein Pferd als Erstes, indem ich mich mit etwas Abstand (damit es mich gut sieht) vor das Pferd stelle, meine Körpergrundspannung leicht erhöhe und das Pferd mit meinem Blick an der Brust fixiere (mein Gedanke: Ich will das Pferd durch meinen Blick und meine Energiewelle, die ich zwischen uns aufbaue,

„wegschieben"). Dabei stelle ich mir einen Trichter Richtung Pferdebrust vor. Reagiert das Pferd nicht, bewege ich mich energisch aufs Pferd zu und verstärke meine Körpersprache, indem ich beispielsweise einen Flügelschlag mit den Armen mache (Verstärken). Alternativ kann ich auch meine Gerte vor dem Pferd hoch und runter bewegen oder damit auf den Boden klopfen. Erst ganz zum Schluss, wenn das Pferd immer noch nicht reagiert und ich keine anderen Möglichkeiten mehr habe, setze ich das Höchstmaß der Hilfengebung ein: Die Gerte berührt das Pferd an der Brust (Durchsetzen).

Dabei gilt stets: **so wenig wie möglich und so viel wie nötig.** Die letzte Stufe muss allerdings immer zum Erfolg führen, sonst erreiche ich keine Sensibilisierung des Pferdes auf meine Hilfen.

Diese verschiedenen Stufen der Hilfengebung gehen bei mir ganz fließend ineinander über – sowohl in die eine als auch in die andere Richtung, sprich wenn das Pferd auf ein Klopfen der Gerte auf den Boden reagiert, lasse ich mit dem „Druck" wieder nach, indem ich die Gerte wegnehme und arbeite nur mit meiner Körpersprache. So gebe ich dem Pferd stets die Chance, auf weniger zu reagieren. Man kann sich meine Hilfengebung vorstellen wie ein Radio, an dem ich mal die Lautstärke aufdrehe und es dann wieder leiser mache. So fließend geht das.

Zur Überprüfung, ob Du es richtig machst: Wenn das Pferd bei den Wiederholungen schneller und feiner reagiert, bist Du auf dem richtigen Weg. Tut das Pferd das nicht, musst Du mehr Energie einsetzen.

Kommen wir jetzt zu den einzelnen Übungen:

1. Kopfabsenken

Die Körperhaltung des Pferdes steuert, ob es entspannt oder angespannt ist. Ein hochgestreckter Kopf etwa sorgt auch für innerlichen Stress: Der Körper schüttet Adrenalin aus und bereitet sich auf Flucht vor. Ein gesenkter Kopf hingegen steht für Wohlbefinden, denn Pferde haben den Kopf normalerweise beim Fressen und Dösen gesenkt. In dieser Haltung schüttet der Körper Glückshormone wie Serotonin und Dopamin aus. Diese signalisieren dem Pferdegehirn Ruhe und Entspannung.

Das bedeutet: Ich kann über das Kopfabsenken gezielt für Entspannung bei meinem Pferd sorgen.

Dementsprechend nutze ich die Übung gerne in Trainingspausen, im Gelassenheitstraining sowie auch beim Reiten, um für optimale Erholung zu sorgen. Und ich mache die Übung auch gerne, wenn ich merke, dass mein Pferd etwas unaufmerksam ist, gerade etwas mehr Führung braucht oder bei der vorangegangenen Übung ein bisschen Stress hatte. So lässt die Anspannung schnell wieder nach.

So soll es aussehen: Wenn ich meine Hand aufs Pferdegenick lege, senkt das Pferd Kopf und Hals so tief wie möglich. Das Pferd entspannt sichtlich.

So geht's: Stelle Dich seitlich neben den Pferdekopf mit dem Blick nach vorne. Lege eine Hand aufs Pferdegenick und ermuntere das Pferd, den Kopf zu senken, indem Du leichten Druck hinter den Pferdeohren auf die Nackenmuskulatur ausübst.

Wenn ich meine Hand aufs Pferdegenick lege, senkt das Pferd Kopf und Hals.

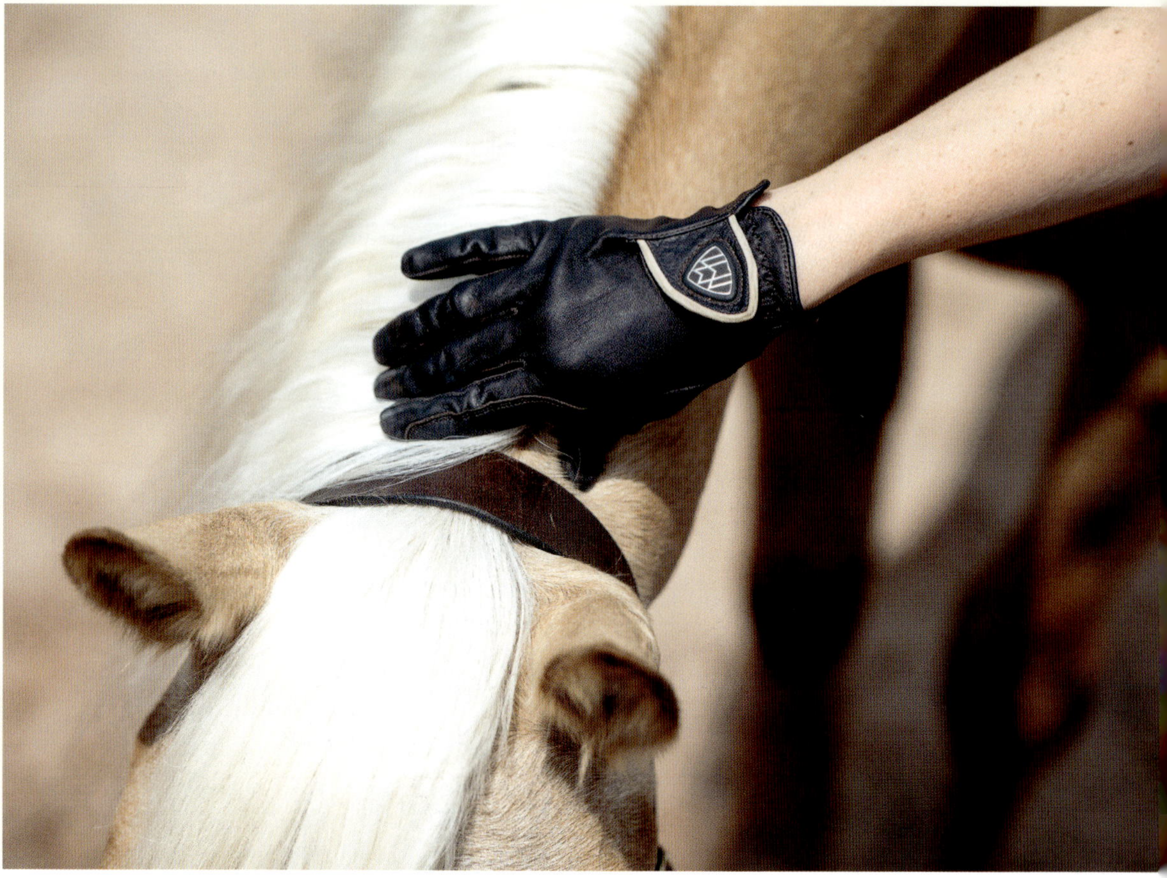

Dein Daumen befindet sich dabei auf einer Seite des Halses, die restlichen Finger auf der anderen Seite. Eine leichte Abwärtstendenz des Kopfes reicht anfangs, bis das Pferd verstanden hat, was es machen soll. Anfangs kannst Du das Pferd auch mit einem Leckerli in die Tiefe locken, bis es den Ablauf der Übung verstanden hat. Ebenso kannst Du das Pferd mit kleinen Paraden am Halfter dazu ermuntern, den Kopf zu senken. Schau einfach, auf welche Hilfe Dein Pferd am besten reagiert. Denke nur bitte daran: Bring Deinem Pferd auf sanfte Weise bei, den Kopf zu senken, denn wenn das Pferd später roboterartig den Kopf senkt, hat das mit Entspannung nichts zu tun.

Tipp: Ich etabliere die Übung gerne als Ritual und führe sie bereits beim Aufhalftern in der Box durch. So sorge ich nicht nur für einen entspannten Start ins Training, sondern das Ganze hat einen weiteren praktischen Nutzen: Ich kann dem Pferd mit tiefem Kopf ganz leicht das Halfter anziehen.

In Ruhe stehen und warten

Immer öfter beobachte ich, dass Pferde immense Schwierigkeiten haben, ruhig neben ihrem Reiter beziehungsweise Besitzer still zu stehen. Viele haben sogar einen richtigen Zappelphilipp an der Hand und sind sich dessen meist gar nicht bewusst: Da geht das Pferd einen Schritt nach vorne Richtung Trainer in der Hoffnung auf Leckerli oder zur Seite zum Gras. Oder da wird die Hinterhand weggedreht, weil sich das Pferd mehr für das interessiert, was hinter ihm passiert als für das, was der Mensch gerade macht.

Ganz ehrlich: Ich glaube, das Stillstehen fällt vielen Pferden schwer, weil es ihnen nie richtig beigebracht wurde. Ich aber finde, dass es eine Grundvoraussetzung für ein erfolgreiches Training ist. Nur ein ruhiges, still stehendes Pferd kann konzentriert zuhören!

Und manchmal ist Stillstehen sogar überlebenswichtig. Stell Dir vor, Du kommst mit Deinem Pferd an eine viel befahrene Straße und anstatt ruhig zu warten, fängt Dein Pferd an zu tänzeln, weil es jetzt gerade nicht stehen bleiben möchte. Das bringt Dich, Dein Pferd und vor allem auch andere in Gefahr.

Stillstehen ist eine Grundvoraussetzung für ein erfolgreiches Training. Nur ein ruhiges Pferd kann konzentriert zuhören!

Deswegen möchte ich, dass meine Pferde im Gelassenheitstraining immer wieder einfach still stehen. Wenn man das Stillstehen für sich und sein Pferd perfektioniert hat, kann man es so weit bringen, dass es am losen Zügel oder Strick gelassen stehen bleibt, selbst wenn ein lauter Knall kommt oder es mal länger dauert. Probiere es aus. Auch Tierarzt und Hufschmied werden es Dir danken!

So geht's: Stehtraining ist schwierig und einfach zugleich. Schwierig, weil es Dir viel Konsequenz abverlangt und einfach, weil Du es zu jeder Zeit und an jedem Ort üben kannst. Es hilft Deinem Pferd allerdings, wenn Du anfangs einen Ort wählst, der dem Pferd vertraut ist und wo es sich wohlfühlt.

Schritt 1 – Haaalt!: Um Deinem Pferd das Stillstehen von der Pike auf beizubringen, musst Du Deinem vierbeinigen Partner zuerst erklären, überhaupt auf ein Signal anzuhalten. Siehe Seite 59.

Schritt 2 – Stillgestanden: Klappt das Anhalten auf ein feines Signal hin, kannst Du jetzt längeres Stillstehen üben. Halte das Pferd an und verlängere von Tag zu Tag die Zeitspanne, in der Dein Pferd nach dem Anhalten ruhig stehen bleiben soll. Fang an bei wenigen Sekunden und steigere Dich bis hin zu rund 30 Minuten.

Wenn ich im Training zu den langen Stillstehphasen mit meinen Pferden komme, nehme ich mir gerne einen Stuhl zum Hinsetzen, unterhalte mich oder telefoniere. Ich möchte, dass mein Pferd nicht das Gefühl hat, dass ich es mit Adleraugen überwache, sondern eine Stehpause als etwas Angenehmes zu schätzen lernt. Es kann in dieser Zeit gerne völlig entspannen. Achte trotz der Gemütlichkeit oder Ablenkung durch Gespräche aufs Pferd und korrigiere es sofort, wenn es sich von seinem Stehplatz verdünnisiert, indem Du das Pferd wieder auf seinen Platz zurückschickst.

Mir persönlich ist beim Stehtraining darüber hinaus sehr wichtig, dass ich mich auch mal vom Pferd wegbewegen kann, ohne dass das Tier unruhig wird oder seinen Platz verlässt. Das übe ich so: Ich beginne mit sehr kurzen Abständen und Zeitfenstern. Erst entferne ich mich nur ganz kurz circa einen halben Meter vom Pferd, dann laufe ich mal ums Pferd herum, dann gehe ich mal bis zur nächsten Wand und so weiter. Ich steigere den Schwierigkeitsgrad ganz allmählich. Ich sage Dir, mit dieser Übung verbesserst Du enorm die Gelassenheit Deines Pferdes beim Stillstehen. Gleichzeitig verankerst Du das Kommando „Whoa" tief im Pferd.

Nach und nach übe ich das Stillstehen auch unter Ablenkung wie beim Pferdewechsel am Putzplatz, wenn ein Auto an der Reithalle vorbeifährt, in der das Pferd steht, und so weiter. Der Kreativität sind hierbei keine Grenzen gesetzt. Hauptsache, man passt das Schwierigkeitslevel dem Ausbildungsstand des Pferdes an.

Ich möchte, dass meine Pferde sich ganz entspannt am durchhängenden Strick führen lassen.

2. Führtraining

a) Führen und Folgen

So soll es aussehen: Wenn Du Dein Pferd führst, achtet es genau auf Dich, folgt Dir brav am durchhängenden Strick in jede Richtung und hält an, wenn Du stehen bleibst.

So geht's: Laufe mit Deinem Pferd los, mache Volten, Schlangenlinien und Handwechsel – ganz wie es Dir in den Sinn kommt. Pferde, die ihrem Menschen vertrauen und ihn respektieren, folgen willig am durchhängenden Strick, ohne dabei zu drängeln oder in eine andere Richtung zu ziehen.

Wo ist die richtige Führposition?

Wenn ich in den sozialen Medien lese, wie Reiter über dieses Thema diskutieren, hole ich mir immer sofort eine große Tüte Popcorn und verfolge die Diskussion ganz entspannt auf der Couch. Denn wie so häufig gibt es hier meiner Meinung nach kein Richtig und auch kein Falsch, sondern viele Möglichkeiten. Jeder Mensch hat seine individuelle Wohlfühlzone, in der er sein Pferd gerne führt. Ob auf Halshöhe des Pferdes oder hinter sich, das bleibt doch jedem selbst überlassen.

Ich persönlich lasse die meisten Pferde zunächst einfach hinter mir herlaufen. Dabei handelt es sich um ein reines Führen und Folgen, bei dem das Pferd lernt, mir zu folgen, nach mir zu schauen und auf mich zu achten. Gleichzeitig gebe ich dem Pferd Sicherheit, weil ich vorneweg laufe und alle Gefahren abchecke. Das ist extrem wichtig, vor allem, wenn Dein Pferd guckig, schreckhaft oder aber auch dominant und unhöflich ist.

Wenn ich allerdings mit dem Pferd am Boden gymnastizierend arbeite, hole ich es zu mir vor, denn ich kann nicht mit jemandem fein kommunizieren, der drei Meter hinter mir herläuft.

b) Anhalten

So geht's: Um Deinem Pferd das Anhalten auf ein feines Signal beizubringen, musst Du ihm zuerst erklären, überhaupt auf ein Signal anzuhalten. Daher bringe ich meinen Pferden im ersten Schritt das Signal „Whoa“ bei. Ob „Halt“, „Steh“ oder „Whoa“, welches Wort Du als Kommando verwendest, ist völlig egal. Hauptsache es ist immer dasselbe Wort. Ich benutze „Whoa“ und ziehe das Wort möglichst lang. Darüber hinaus senke ich meine Stimmlage. Das wirkt beruhigend und entschleunigend. So fahre ich automatisch auch meine Energie im Körper herunter. Das überträgt sich wiederum aufs Pferd.

Gehe mit Deinem Pferd im Schritt los. Der Strick hängt durch. Schon nach ein paar Schritten stoppst Du das Pferd. Dazu gibst Du zuerst das Stimmsignal (über zwei bis drei Schritte gezogen) und fährst gleichzeitig das Energielevel in Deinem Körper herunter. So bereitest Du das Pferd optimal aufs Anhalten vor. Dann bleibst Du stehen. Im besten Fall reagiert das Tier sofort und hält an. Nach einer kurzen Pause (mit Lob!) läufst Du wieder los. Dann hältst Du wieder an und so weiter.

Sollte das Pferd durch Dein Signal durchlaufen und nicht anhalten, schließe den Raum am besten vor dem Pferd mit der Gerte (nicht unter dem Hals, denn da ist ein toter Winkel).

Übe das Anhalten im Schritt und Trab sowie an verschiedenen Orten und in unterschiedlichen Situationen. Steigere allmählich den Schwierigkeitsgrad.

c) Rückwärts

So geht's: Hierbei macht es einen Unterschied, ob sich das Pferd im Führen und Folgen befindet, also hinter dem Menschen, oder ob das Pferd neben dem Reiter geht:

Befindet sich das Pferd hinter Dir, dann kannst Du einfach stehen bleiben, Dich umdrehen, Deine Körpersprache leicht hochfahren und das Pferd mit Deinem Blick an der Brust („Schwiegermutterblick") fixieren. Mein Gedanke dabei: Ich will das Pferd allein durch meinen Blick und

Auch Anhalten auf Signal ist eine wichtige Basis-Übung.

Mit dem Flügelschlag verstärke ich meine Körpersprache.

meine Energiewelle, die ich zwischen uns aufbaue, „wegschieben". Schicke das Pferd auf diese Weise mehrere Schritte zurück.

Befindet sich das Pferd mit seinem Kopf vor Dir, begrenzt Du es am besten erst mit der Gerte, die Du vor das Pferd hältst und holst es Dir so zurück. Dann drehst Du Dich vor dem Pferd ein und schickst es körpersprachlich (mit Körperspannung und „Schwiegermutterblick") weiter zurück.

Probleme und Lösungen

Wenn Du und Dein Pferd mit irgendeiner Warm-up-Übung Mühe habt, schau gerne mal in mein Buch „Sicher reiten". Da erkläre ich im Kapitel „Gut erzogen" viele Probleme, die dabei auftreten können und gebe Tipps, was man am besten tun kann, damit es trotzdem funktioniert.

3. Weichen

Beim Führen und Folgen hat das Pferd gelernt, dem Menschen brav hinterherzulaufen und dabei auf ihn zu achten. Beim Weichen kontrolliere ich jetzt gezielt Vor- und Hinterhand. Außerdem kann ich das ganze Pferd weichen lassen, sprich es seitwärts gehen lassen. Das ist nicht nur eine sehr gute gymnastizierende Übung, sondern auch ausgesprochen hilfreich in Situationen, in denen das Pferd sich unwohl fühlt. Denn indem man es dazu auffordert, seitwärts zu gehen, holt man es körperlich sowie geistig aus dem Fluchtmodus und es beruhigt sich. Das funktioniert sehr gut! Wie genau das miteinander zusammenhängt, erkläre ich Dir im Laufe dieses Buches.

a) Das Pferd mit der Hinterhand weichen lassen

So soll es aussehen: Das Pferd weicht mit seinen Hinterbeinen um die Vorhand und reagiert fein auf Deine Signale.

So geht's: Stelle Dich neben das Pferd. Drehe Dich zur Hinterhand ein und fixiere die Hinterhand zunächst mit Deinem Blick („Schwiegermutterblick"). Weicht das Pferd nicht mit seinem Popo, gehst Du energisch auf die Hinterhand zu, als würdest Du das ganze Pferd allein mit dem Luftstoß, der dadurch entsteht, von Dir wegschieben können. Lässt sich das Pferd davon nicht beeindrucken, klopfst Du mit Deiner Gerte neben der Hinterhand auf den Boden oder zeigst mit der Gertenspitze zur Mitte der Hinterhand und bewegst die Gerte in der Luft auf und ab. Touchieren solltest Du das Pferd erst, wenn das Pferd auf gar kein vorangegangenes Signal reagiert hat.

Anfangs ist es am einfachsten, das Weichen der Hinterhand an der Bande zu üben. Stell das Pferd mit dem Kopf zur Begrenzung. So kann es Dir nicht so leicht vorne weglaufen und Du hast es leichter zum Üben. Klappt das, kannst Du den Schwierigkeitsgrad steigern und ohne Begrenzung vorne üben.

b) Das Pferd mit der Vorhand weichen lassen

So soll es aussehen: Das Pferd weicht mit seinen Vorderbeinen um die Hinterhand und reagiert fein auf Deine Signale.

So geht's: Positioniere Dich seitlich und leicht eingedreht auf Kopf-Hals-Höhe neben dem Pferd. Dann stellst Du den Pferdekopf leicht von Dir weg, um das Pferd zu unterstützen, die Vorhand wegzubewegen. Jetzt fixierst Du die Schulter mit Deinem

Chex Me weicht mit den Vorderbeinen um die Hinterhand.

Blick, weil Du ja möchtest, dass das Pferd mit der Vorhand weicht. Stufe zwei ist eine etwas energischere Körperhaltung. Passiert daraufhin immer noch nichts, klopfst Du mit Deiner Gerte neben der Vorhand auf den Boden oder bewegst die Gerte neben der Vorhand in der Luft auf und ab. Touchieren solltest Du das Pferd erst am Oberarm, wenn das Pferd auf gar kein vorheriges Signal reagiert hat.

c) Das komplette Pferd seitwärts weichen lassen

So soll es aussehen: Das Pferd weicht mit dem ganzen Körper seitwärts und reagiert fein auf Deine Signale. Hierbei handelt es sich um Raumarbeit und keine besondere gymnastizierende Übung.

So geht's: Gehe im Schritt auf dem dritten oder vierten Hufschlag an der Bande entlang (so hat das Pferd eine Begrenzung). Stelle dann den

Chex Me lässt sich richtig schön schicken.

Pferdekopf leicht zu Dir. Positioniere Dich nun seitlich und leicht eingedreht auf Schulter-Bauch-Höhe des Pferdes. Deinen Blick richtest Du auf den Pferdebauch und fixierst die Körperstelle mit der Intention, nun das ganze Pferd seitwärts von Dir wegschieben zu wollen. Reagiert das Pferd nicht, fährst Du wieder Deine Körperspannung Richtung Mittelhand hoch. Weicht das Pferd immer noch nicht, klopfst Du mit Deiner Gerte neben dem Pferd auf den Boden oder bewegst die Gerte in der Luft auf und ab. Touchieren solltest Du das Pferd erst am Bauch (dort, wo später auch der Reiterschenkel für die seitwärts weisende Hilfe liegt), wenn das Pferd auf gar kein bisher gegebenes Signal reagiert hat.

1.

Ich bremse Nugget mit meiner Körpersprache und lade sie zu mir in die Kreismitte ein.

2.

Im Anschluss schicke ich Nugget in die andere Richtung.

3.

Der Handwechsel hat sehr schön geklappt! Weiter geht's in die andere Richtung.

Klappt das, kannst Du das Pferd auch ohne Bandenbegrenzung seitwärts gehen lassen.

4. Schicken

So soll es aussehen: Das Pferd läuft am durchhängenden Strick leicht voraus.

So geht's: Laufe mit Deinem Pferd auf einer Volte. Lasse Dich dabei vom Tempo her etwas zurückfallen, sodass Du Dich ungefähr auf Höhe der Sattellage des Pferdes befindest. Jetzt kannst Du den Zirkel größer machen oder gerne auch geradeaus laufen. Dirigiere das Pferd mithilfe Deiner Körpersprache in die Richtung, in die es gehen soll. Dabei bleibst Du stets auf Deiner Position.

5. Körpersprachliches Longieren

So soll es aussehen: Longiere Dein Pferd auf der Linie einer liegenden Acht. Das Pferd hört genau auf Deine Signale und lässt sich fein über Deine Körpersprache dirigieren.

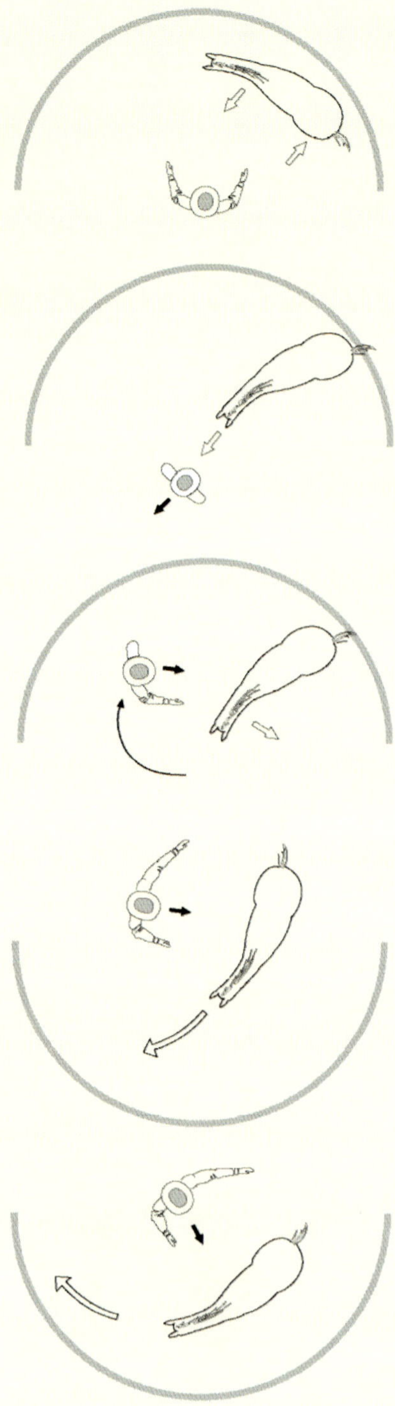

Handwechsel beim körpersprachlichen Longieren mit den Positionen des Ausbilders in den verschiedenen Phasen.

So geht's: Bei dieser Übung lasse ich das Pferd eine liegende Acht laufen. Dazu stelle ich gerne zwei Hütchen auf, um eine optische Hilfe zu haben. Dann schicke ich das Pferd zunächst heraus auf eine Kreislinie um das eine Hütchen, indem ich mich körpersprachlich auf das Pferd zu bewege. Das klappt gut, wenn man sich zunächst auf die Vorhand konzentriert und diese wegschiebt. Wie Du die Vorhand weichen lassen kannst, liest Du bei der Übung „Das Pferd mit der Vorhand weichen lassen“ auf Seite 62f. Bewegt sich das Pferd heraus auf die Kreislinie, musst Du hinter dem Pferd den Raum schließen, damit es vorwärts geht. Dazu fixierst Du mit Deinem Blick und Deiner Körpersprache nicht mehr die Vorhand, sondern bringst den Fokus tendenziell hinter das Pferd.

Geht das Pferd schön auf der Kreislinie um Dich und das Hütchen herum, lädst Du es wieder ein, zu Dir zu kommen. Dazu schließt Du den Raum vor dem Pferd, indem Du Dich Richtung Pferdekopf bewegst. So bremst Du es leicht aus. Dann fährst Du Deine Energie etwas herunter, indem Du Dich etwas kleiner machst. Gehe rückwärts und lächle Dein Pferd an. So saugst Du das Pferd förmlich an.

Zwischen den Hütchen soll das Pferd die Richtung wechseln und auf der anderen Hand um das andere Hütchen herum kreiseln. Dazu richtest Du Dich wieder auf und konzentrierst Dich nun auf die Pferdeschulter auf der anderen Seite. (Du willst das Pferd ja jetzt wieder auf den Zirkel schicken.) Sobald das Pferd mit der Vorhand weicht und die andere Richtung einschlägt, schließt Du wieder den Raum hinter dem Pferd. Und so weiter und so fort. So entsteht eine wunderschöne liegende Acht!

Anfangs dauert es möglicherweise etwas, bis Dein Pferd und Du diese Art des Longierens flüssig und ohne „Longensalat“ in den Händen beherrschen. Übe daher zunächst nur im Schritt, bis der Ablauf sitzt.

Klappt das, kannst Du die Übung variieren, indem Du das Pferd auch mal eine ganze Runde um Dich herumgehen lässt und dann die Richtung wechselst oder Du kannst die Kreise auch vergrößern und verkleinern und, und, und … Der Kreativität sind hier keine Grenzen gesetzt!

Immer dran denken: Sicher vorangehen, nicht zögern und klar sein in den Kommandos sowie in den eigenen Gedanken.

Die Körpersprache des Menschen

Du hast einen großen Einfluss darauf, wie gut Dein Pferd Dir folgt. Achte daher stets auf Deine eigene Körpersprache: Ist sie klar oder manchmal zögerlich? Pferde, die einen guten Ausbilder beziehungsweise Reiter haben, folgen nach dem Entenmarschprinzip: Der Mensch geht vor, das Pferd folgt. Die Grundeinstellung und Stimmung des Menschen übertragen sich auf das Pferd. Durch ihre sensiblen Antennen registrieren Pferde jede – positive wie negative – Spannung bei uns, unter anderem weil sie unseren Herzschlag registrieren. Dementsprechend sollte man, wenn man mal gestresst ist, erst mal selbst runterkommen und entspannen, bevor man dasselbe vom Pferd erwartet.

Pferde sind Meister im Lesen unserer Körpersprache. Schon der Gedanke: „Hoffentlich scheut mein Pferd gleich nicht!“ zeigt sich in der Körpersprache des Menschen, und das Pferd wird genau dies tun. Das Pferd zeigt das vom Menschen erwartete Verhalten.

Deswegen gilt: Sicher vorangehen, nicht zögern und klar sein in den Kommandos und in den eigenen Gedanken. Immer das Gewünschte als Bild im Kopf haben und nicht das Befürchtete. Beim Gelassenheitstraining dürfen und sollen wir ruhig auch an uns selbst arbeiten, nicht immer nur am Pferd. Ein guter Pferdetrainer beziehungsweise Reiter trägt für sich selbst Sorge, sieht sich auf Augenhöhe mit dem Pferd, ist aber auch klar in dem, was er nicht will. Pferde lieben es, von einem geerdeten Menschen souverän geführt zu werden. Wenn etwas nicht klappt, ist der souveräne Pferdemensch beziehungsweise Reiter nicht emotional, sondern sucht nach einer anderen Lösung. Er gibt dem Pferd den Freiraum, Fehler zu machen und ist nicht sein Babysitter.

Nicht zu unterschätzen ist beim Gelassenheitstraining auch die Kraft der positiven Gedanken. Wer schon vorher mit der Haltung ins Training geht, dass es eh nicht klappt, wird auch sein Pferd nicht gut überzeugen können. Mentale Bilder können körperliche und physische Leistungen beeinflussen. Viele Leistungssportler trainieren erfolgreich mit der Kraft der positiven Gedanken (mentales Training). Auch Mediziner wissen, dass die Kräfte des Vorstellungsvermögens zum Teil ganz wundersame Wirkungen auf Krankheiten haben. Das hilft uns auch bei der Arbeit mit unseren Pferden Wer sich vorstellt, wie er es gerne haben möchte und eben nicht, wie er es nicht möchte, wird mehr Erfolg haben. Das kannst Du auch bereits beim Warm-up gut üben!

6. Führen-in-Stellung

So soll es aussehen: Im Schritt ist der Kopf des Pferdes leicht nach innen gestellt.

So geht's: Um Deinem Pferd das Führen-in-Stellung einfacher zu machen und um es besser abzuholen, empfehle ich Dir, Dein Pferd auf den ersten Hufschlag an die Bande zu stellen. Das gibt dem Pferd etwas mehr Anlehnung und die Bande sorgt besser dafür, dass das Pferd nicht seitlich ausweichen kann. Fordere das Pferd zunächst im Stand auf, in Stellung zu stehen. Gebe dazu am besten mit dem Gertenknauf einen leichten Impuls am Pferdebauch, ungefähr dort, wo später beim Reiten Dein Schenkel liegt. Fast zeitgleich animierst Du das Pferd durch ganz leichte Impulse am Kappzaum, seinen Kopf ein wenig zu Dir zu drehen. Für eine korrekte Stellung muss das nicht viel sein. Wenn Du auf das äußere Ohr schaust und es etwas weiter vorne ist als das innere Ohr reicht das schon. Wichtig ist, dass Dein Pferd sich nicht verwirft. Das erkennst Du daran, dass das Pferd seinen Kopf schräg hält. Dann lässt Du das Pferd

Beim Führen-in-Stellung ist der Kopf des Pferds leicht nach innen gestellt.

im Schritt über Stimm- und Gertenhilfe antreten und behältst dabei die Stellung bei.

Am Anfang genügt es, die Stellung im Schritt nur kurz einzufordern. Wenn Dein Pferd zwei oder drei Schritte gut macht, lass es wieder geradeaus laufen und sich strecken, sonst überforderst Du es und Du möchtest es ja auch für seine Mühe belohnen sowie es motiviert halten, damit es beim nächsten Mal die Übung noch besser ausführt. Deswegen: Weniger ist mehr!
Achte immer darauf, dass Dein Pferd sich locker und gleichmäßig bewegt. Fängt es an sich zu verspannen, kann es auch nicht im Genick locker sein. Baue deshalb viele Pausen ein, in denen Dein Pferd sich „lang" machen darf und übe nicht zu lange an einem Stück. Wenn Dein Pferd sich verspannt oder fest macht, nutzte die bereits erarbeitete Übung des Abkauens, um es wieder locker und losgelassen zu bekommen.

7. Übertreten

So soll es aussehen: Die Vorder- und Hinterbeine sollen im Schritt kreuzen. Gleichzeitig müssen vier Hufschlaglinien frontal von vorne zu sehen sein.

So geht's: Führe Dein Pferd in Stellung auf dem Zirkel. Im Gegensatz zu der Grundposition befinden sich Deine Schultern nun stärker in Richtung des Pferdekörpers gedreht. Dein Blick ist dabei auf die Hinterhand gerichtet. Dann leitest Du das seitliche Treten ein, indem Du das Pferd mit dem Gertenknauf an der Gurtlage als Schenkelersatz am Bauch antippst und am Kappzaum leichte Impulse gibst.

Klappt das, treibst Du die Hinterhand mit der Gerte leicht nach außen, sodass das Pferd das innere Hinterbein vorwärts-seitwärts vor das äußere Hinterbein setzt. Das Pferd läuft jetzt auf vier Hufschlaglinien. Der innere Zügel sorgt für die korrekte Stellung nach innen; der äußere Zügel lässt diese Stellung zu und begrenzt das Pferd nach außen.

Du kannst die Übung auf dem Zirkel machen oder einer anderen gebogenen Linie wie einer Volte. Meiner Erfahrung nach tun sich Pferd und Mensch am Anfang auf einer größeren Kreisbahn leichter. Klappt das, kannst Du die Übung natürlich auch auf geraden Linien machen.

Die Pferde zeigen meist sehr schnell schöne Tritte beim Übertreten. Oft bremsen sie dann aber ab. Hier ist es besonders wichtig weiter zu treiben und es nicht dem Pferd zu überlassen, wann es eine Übung beendet. Bis das Pferd sicher und ohne Stocken eine Runde im Übertreten bleibt, dauert es einige Zeit. Hier ist es besonders wichtig, viele Pausen zu machen und viel zu loben, um das Pferd nicht zu überfordern.

Beim Übertreten kreuzen Vorder- und Hinterbeine.

Darüber hinaus ist Übertreten ist nicht für den Dauereinsatz gedacht. Bei dieser Übung wird ein maximales Kreuzen der Beine abverlangt. Das belastet Bänder, Sehnen und Gelenke. Setze die Lektion daher lieber nur in kurzen Reprisen ein.

Stress bei Pferden

Gelassenheitstraining läuft fürs Pferd nicht ganz ohne Stress ab. Schließlich geht es darum, die Stresstoleranz-Grenze des Pferds Schritt für Schritt nach oben zu verschieben.

Pferde nehmen die Welt viel intensiver wahr.

Streng genommen besteht das ganze Leben aus Stress – beim Pferd wie beim Menschen: Sobald etwas Neues kommt, läuft im Körper blitzschnell ein bestimmtes Schema ab und macht den Organismus bereit für Leistung, Flucht oder Angriff. Das ist biologisch sehr sinnvoll. **Hält der Stress jedoch lange an, hat er negative Folgen und kann sogar richtig krank machen.**

Auch Gelassenheitstraining läuft fürs Pferd nicht ganz ohne Stress ab. Schließlich geht es darum, die Stresstoleranzgrenze Deines Pferdes Schritt für Schritt nach oben zu verschieben. Jedoch ist dieser Stress nur von kurzer Dauer und somit nicht gesundheitlich schädlich, denn im Gelassenheitstraining arbeiten wir an der sogenannten *Cutting Edge*, also an einer Schneide. Einerseits wollen wir, dass das Pferd einen Fortschritt macht und bringen es etwas aus seiner Komfortzone, was natürlich mit Stress verbunden ist, andererseits müssen wir aber unbedingt verhindern, dass die Situation eskaliert, indem wir zu viel verlangen, weil wir sonst das Vertrauen des Pferdes aufs Spiel setzen. **Die *Cutting Edge* ist ein sehr schmaler Grat und macht bei vielen Pferden nur einen einzigen Schritt aus!**

Um den Stress fürs Pferd beim Gelassenheitstraining (ebenso in allen anderen Situationen) so gering wie möglich zu halten, empfehle ich Dir, ganz genau auf das Verhalten Deines Pferdes zu achten und stets

Pausen (gerne mit Kopfabsenken) einzulegen noch bevor Dein Pferd überhaupt anspannt oder sich hoch aufstellt (*Freeze*-Modus). Denn dann dauert es oft nicht mehr lange, bis das Pferd flüchtet oder sogar angreift (*Fight-or-Flight*-Modus). Und das gilt es unbedingt zu vermeiden!

Vorsicht vor Reizüberflutung!

Kennst Du das? Das Pferd ist innerlich angespannt, äußerlich aber total ruhig ... und dann explodiert es plötzlich ohne Vorwarnung. Das kann passieren, wenn Pferde ständig mit Angst konfrontiert sind und sie keine Wahl haben als die Situation auszuhalten, sich dabei aber überhaupt nicht wohlfühlen. Dann sind sie irgendwann überfordert und es fehlt nur noch ein einziger Tropfen, der das sprichwörtliche Fass zum Überlaufen bringt und das Pferd „aus dem Nichts" abgeht.

Solche Pferde wirken danach sehr entspannt. So manch ein Reiter klopft sich dann selbst auf die Schulter nach dem Motto „Dem hab ich's gezeigt. Mit so einer Aktion kommt der bei mir nicht durch!" Tatsächlich ist das Pferd nicht zufrieden und entspannt, sondern komplett erschöpft und ausgelaugt.

Wiederum andere Pferde erscheinen beispielsweise auf dem Turnier total brav, können aber nicht die gewünschte Leistung abrufen. Auch hier kann die Ursache eine Reizüberflutung sein.

Weitere typische Anzeichen einer sogenannten Reizüberflutung (engl. *Flooding*) können sein: Das Pferd steht ständig unter Spannung, findet keine Ruhe, kann sich nicht konzentrieren und ist anfälliger für Krankheiten und Verletzungen. Andere Pferde wiederum werden depressiv.

Wenn Dein Pferd Anzeichen einer Reizüberflutung zeigt, musst Du bitte sofort reagieren. Sonst kann das für Dich, Dein Pferd und alle Mitmenschen sehr gefährlich werden. Nimm das Pferd am besten bitte sofort aus der stressigen Situation.

Um dem Pferd in Situationen, die es überfordern, sofort helfen zu können, etabliere ich im sicheren Umfeld (zu Hause) bewusst Routinen und Abläufe. Dazu zählen beispielsweise das Kopfabsenken (siehe Seite 53f.) oder andere Übungen wie zehn Schritte vorwärts, stehen bleiben, fünf Schritte rückwärts, stehen bleiben und wieder antreten sowie Seitengänge. Wenn das Pferd dann später in eine Situation kommt, in der es Sorgen hat, kann ich diese Routinen nutzen, um es aus seinem „Tunnel" zu holen und für Entspannung zu sorgen.

Neben Stress und Angst gibt es noch die schiere Panik. Was ist der Unterschied? Pferde, die Angst haben, sind trotzdem noch handlungsfähig. Pferde in Panik sind hingegen nicht mehr ansprechbar und nur noch instinktgesteuert. Es gibt einen einfachen Trick, mit dem Du herausfinden kannst, ob Dein Pferd noch lernbereit ist: Biete ein Leckerli aus der Hand an. Wenn Pferde in Panik sind, fressen sie nichts mehr.

Verfällt das Pferd in Panik, rate ich Dir, das Training sofort abzubrechen und so lange zu unterbrechen, bis sich das Tier wieder beruhigt hat. Danach startest Du unbedingt mit einer leichteren Aufgabe.

Schau also gerne mal genau hin, was Dein Pferd zu sagen hat. Allein schon von der Körperhaltung sowie dem Augen- und Ohrenspiel kannst Du so viel ableiten und genau erkennen, wie es Deinem Pferd gerade geht:

Die **Augen** sind der Spiegel der Seele. Hier zeigen sich Freude, Neugier, Begeisterung, aber auch Angst und Schmerz. Achte beim Training bewusst auf die Augen Deines Pferdes. Sind sie weich, zwinkert das Pferd oder kneift es die Augen zu? Entspannte Pferdeaugen weisen darauf hin, dass es wach und interessiert ist. Bei Panik reißen Pferde die Augen weit auf, manchmal sieht man in solch einer Situation sogar das Augenweiß.

Auch am **Maul** kannst Du Furcht gut erkennen. Ein zufriedenes Pferd hat ein weiches Maul. Ein verspanntes Pferd zeigt eine zugekniffene Maulpartie. Auch eine lang gezogene Unter- oder Oberlippe deutet darauf hin, dass das Pferd angespannt ist. Aggressive Pferde fletschen die Zähne.

Auch am Maul kannst Du gut erkennen, wie es Deinem Pferd geht. Ein zufriedenes Pferd hat ein weiches Maul.

Im Gelassenheitstraining zeigen die Ohren immer wieder zum unbekannten Gegenstand, horchen aber auch wieder nach hinten.

Die **Ohren** sind wie Radarantennen. Aufmerksame, entspannte Ohren spielen immer wieder – allerdings nicht hektisch. Im Gelassenheitstraining zeigen die Ohren immer wieder in Richtung Gegenstand, horchen aber auch wieder nach hinten. Nervöse Pferde zeigen sehr viel Ohrenspiel. Aggressive Pferde legen die Ohren flach nach hinten.

Auch **Hals** und **Rücken** sagen eine Menge darüber aus, wie erregt das Pferd ist. Je höher Hals und Kopf getragen werden und je fester der Rücken ist, desto angespannter ist das Pferd. Je erregter das Pferd ist, desto höher trägt es seinen **Schweif**. Manche Tiere klemmen ihn bei Angst auch ein.

Wichtig: Im Training gilt es immer, die Körpersprache in ihrer Gesamtheit zu lesen.

Darüber hinaus gibt es noch so viel mehr, was jeder Reiter über das Verhalten der Pferde wissen sollte. Eine komplette Auflistung würde den Rahmen dieses Buches absolut sprengen und ich selbst bin auch keine Pferdeverhaltensforscherin. Ich empfehle Dir zu diesem Thema lieber die Kurse und Bücher meiner lieben Trainerkollegin Dr. Vivian Gabor zu besuchen beziehungsweise zu lesen. Sie hat sich auf das Verhalten der Pferde spezialisiert und ich selbst kontaktiere sie auch immer wieder bei Fragen.

Ran an die Front

Jetzt startet das Gelassenheitstraining!

Voll bepackt mit tollen Sachen, die das Leben gruselig machen – hinein ins Gelassenheits-training!

In diesem Kapitel findest Du meine absoluten Lieblingsübungen zur Gelassenheit, die ich mit jedem Pferd mache. Doch bevor wir damit starten, möchte ich Dir noch meine Trainingsprinzipien vorstellen, die für **ALLE** meine Gelassenheitsübungen gelten und die ich stets anwende:

- Du befindest Dich immer auf der Seite des Reizauslösers.
- Lasse Deinem Pferd zur Sicherheit immer einen Fluchtweg frei und vermeide Engpässe an Hindernissen. Pferde haben von Natur aus Platzangst.
- Falls Ihr zu zweit arbeitet: Beide Personen müssen auf derselben Seite stehen, damit das Pferd einen Fluchtweg zur Verfügung hat.
- Stelle Dich in Angstsituationen nicht vors Pferd.

Derjenige, der das Pferd führt, befindet sich immer auf der Seite des Reizauslösers.

Gelassenheitstraining ist richtig anstrengend fürs Pferd – und auch für den Besitzer!

- Halte stets Abstand zur Hinterhand! Pferde können auch mal aufgrund einer Stress-Übersprungshandlung austreten.
- **Im Notfall:** Sollte das Pferd wegspringen, versuche den Pferdekopf zu Dir zu stellen, damit es seine Hinterhand automatisch von Dir wegdreht.
- **Von leicht zu schwer:** Meine Bailey kam garantiert nicht auf die Welt und konnte sofort über eine zwei Meter hohe Wippe gehen. Das mussten wir langsam üben! Auch jetzt als Profi darf sie sich jedes Mal vor einer Show langsam wieder an die Hindernisse gewöhnen. Was ich Dir damit auf den Weg geben möchte: **Starte bitte immer mit möglichst kleinen Reizen beziehungsweise vom Bekannten zum Unbekannten**, damit das Pferd nicht überfordert wird und keiner in Gefahr gebracht wird, weil das Pferd plötzlich eine starke Abwehrreaktion zeigt. Setzt man außerdem einmal einen Reiz zu stark, ist es möglich, dass man die Gewöhnung wieder von vorne starten

Loben ist superwichtig beim Gelassenheitstraining. Dadurch motiviert man sein Pferd und macht es mutiger.

muss. Steigere die Reizstärke stets peu à peu, um den Stress nur so weit auszulösen, wie er für Dein Pferd zu bewältigen ist. Schritt für Schritt zu trainieren stärkt überdies Eure Beziehung: Das Pferd merkt, dass Du es nicht überforderst, sondern seine Sorgen ernst nimmst.

- Zerteile die Übungen in **kleine Lernschritte**. Das ist für Pferd und Mensch am einfachsten.
- **Annäherung und Rückzug:** Ich habe in all den Jahren die Erfahrung gemacht, dass viele kleine Schritte wichtiger sind als ein schneller, großer Erfolg. Um ein Pferd mutiger und gelassener zu machen, nutze ich daher gerne das Prinzip von Annäherung und Rückzug. Dieses Prinzip vermittelt dem Pferd, dass ich seine Sorgen ernst nehme und gleichzeitig die Situation im Griff habe. Außerdem vermeidet man damit, dass es zu einer vollständigen Eskalation kommt. So findet das Pferd Schritt für Schritt Vertrauen in neue Aufgaben. Wie ich Annäherung und Rückzug praktisch umsetze, erkläre ich Dir bei den Übungen.

- **Timing:** Dein Pferd entscheidet binnen weniger Sekunden, ob es reagieren und flüchten muss oder ob der Reiz irrelevant ist. Deswegen ist gerade beim Gelassenheitstraining das richtige Timing sehr wichtig!
- **Pausen:** Gelassenheitstraining ist richtig anstrengend für den Pferdekopf. Meiner Erfahrung nach ist nach maximal 20 Minuten bei den meisten Pferden mit der Konzentration Schluss. Dann brauchen sie einen Timeout auf dem Paddock oder der Weide, um das Gelernte zu verarbeiten und den Lernstress, den es durchaus beim Training geben kann, abzubauen. Darüber hinaus solltest Du während des Trainings auch immer wieder Mini-Pausen einlegen.
- **Loben:** Beim Gelassenheitstraining könnte ich ausflippen vor Begeisterung! Indem man das Pferd überschwänglich mit freundlichen Worten lobt („Fein gemacht“, „Super“), motiviert man sein Pferd unglaublich und macht es richtig mutig. Das Belohnungszentrum vom Gehirn setzt daraufhin Wohlfühlhormone wie Dopamin frei. Das ist ein Motivationsbeschleuniger, der Lust auf mehr macht. Dein Pferd wird das Verhalten gerne wiederholen. Lob erhält überdies den Fleiß und die Pferde ziehen regelrecht zu Neuem statt zu fliehen. Natürlich kannst Du Dein Pferd auch gerne streicheln, ihm einen Keks füttern oder etwas anderes anbieten, was für das Pferd ein gutes Lob darstellt (beispielsweise eine Schrittpause, Kopfabsenken, Kraulen).
  Leckerli finde ich im Übrigen völlig okay. Mein Pferd darf auch betteln und mich fragen, ob es einen Keks bekommen darf. Das mache ich ja auch, wenn ich etwas gerne haben möchte. Was ich allerdings nicht möchte, ist, wenn ich mal „Nein“ sage und mein Pony daraufhin motzt oder nölt.
- Meine **4 Gs**: **geführt, geschickt, gefahren und geritten** – das ist die Reihenfolge für ein erfolgreiches Gelassenheitstraining.

Ich bin überzeugt, dass man aus jedem Pferd – und sei es noch ein so großer Angsthase – mithilfe meines Gelassenheitstrainings einen relativ coolen Partner machen kann. Jedoch gibt es keine Regel ohne Ausnahmen, daher solltest Du diese Faktoren unbedingt vorher abklären:

1. Sind die Grundbedürfnisse des Pferdes erfüllt? Eine 24-Stunden-Boxenhaltung bewirkt, dass die Reizschwelle grundsätzlich niedriger ist. Die Folge: Jedes noch so

Quarter-Horse Otto reagiert vor allem auf unbekannte, sichtbare Reize.

unwichtige Ereignis im monotonen Tagesablauf erhält eine überdimensionale Bedeutung für das Pferd. Sie erschrecken wegen „Nichts" und sind schnell übererregt. Auch ständiger Hunger oder fehlender Kontakt zu Artgenossen kann die Reizschwelle des Pferdes deutlich absenken.

2. Hat das Pferd negative und/ oder traumatische Erfahrungen gemacht? Wenn ein Pferd beispielsweise mal einen Unfall mit einem Traktor hatte, kann sich das als ein traumatisches Erlebnis im Pferdekopf festgesetzt haben, dessen Korrektur man besser einem professionellen Trainer überlassen sollte, denn Pferde vergessen nicht so leicht. Ein Profi kann das unerwünschte Verhalten gezielt mit einem anderen Verhalten „überspielen", sprich dem Pferd etwas Neues beibringen, um so das unerwünschte Verhalten zu verdrängen. Je länger die Reaktion auf die schlechte Erfahrung etabliert ist, desto schwieriger wird die Korrektur: Flüchtet ein Pferd schon seit Jahren, müssen sehr viele neuronale Verbindungen im Gehirn zu einem anderen Verhalten neu geknüpft werden (Überschreibung), bis das Pferd nicht

Nugget erschrickt öfter vor Geräuschen, die sie nicht zuordnen kann.

mehr scheut. Das braucht viel Zeit und Fingerspitzengefühl, da sich vielleicht bereits ein Automatismus entwickelt hat. Ich empfehle Dir, Dich in so einem Fall an einen Profi zu wenden.

Die unterschiedlichen Schrecktypen

Erschrickt Dein Pferd bei Sichtreizen, Geräuschen oder reagiert es auf beides? Ich unterscheide grundsätzlich zwischen zwei Schrecktypen:

1. Pferde, die auf unbekannte, **sichtbare Reize** verstärkt reagieren (beispielsweise ein Luftballon oder eine Fahne)
2. Pferde, die sich mehr vor **Geräuschen,** die sie nicht zuordnen können, erschrecken (beispielsweise aus Lautsprechern oder von Sirenen)

Die meisten Pferde reagieren auf eine Kombination aus Sichtreizen und Geräuschen.

Nehmen wir als Beispiel einen Regenschirm: Auch wenn das Pferd beim Auftauchen eines Schirms cool bleibt,

Bei einer Plane ist die Herausforderung fürs Pferd: Sie raschelt nicht nur, das Pferd weiß auch nicht, was sich darunter befindet. Zudem fordern Untergründe die Augen heraus.

bedeutet das noch lange nicht, dass es beim Aufspannen sowie beim Zusammenklappen ebenfalls gelassen bleibt. Da kommen dann zwei zusätzliche Faktoren hinzu: die schnelle Veränderung der Form UND das Geräusch.

Und dann haben wir noch eine weitere Form von Reizen: **Untergründe** wie eine Plane. Die Herausforderung fürs Pferd: Sie raschelt nicht nur, sondern das Pferd weiß auch nicht, was sich darunter befindet. Zudem fordern Untergründe die Pferdeaugen heraus, denn sie tun sich schwer, von hell auf dunkel oder umgekehrt umzuschalten.

Wie Pferde unsere Welt sehen

Um ein Pferd mit meinen Übungen zu einem gelassenen, sicheren Partner zu machen, müssen wir zunächst verstehen, wie Pferde unsere Welt wahrnehmen. Dann können wir ihnen am besten helfen.

Dazu ist es hilfreich zu wissen, dass Pferde unsere Welt grundsätzlich sehr viel intensiver wahrnehmen als wir Zweibeiner. Sie sehen, hören, riechen und denken anders als wir Menschen.

Pferdeohren sind zusammen mit den Augen ein ausgezeichnetes Frühwarnsystem, ohne das Pferde die letzten Jahrmillionen nicht überlebt hätten. Denn als geborene Hochleistungs-Fluchttiere müssen sie immer auf der Hut sein und ruckzuck entscheiden, ob sie weiter fressen können oder Gefahr laufen, selbst gefressen zu werden.

An dieser Stelle möchte ich besonders auf die beiden Sinne „Sehen" und „Hören" eingehen, da ich in all den Jahren als Pferdetrainerin die Erfahrung gemacht habe, dass sich Pferde am meisten vor Sichtreizen oder Geräuschen erschrecken (oder vor einer Kombination aus beiden).

Sehen:

- Pferde haben ein größeres Gesamtsichtfeld als wir Menschen. Sie können mit ihren seitlich angeordneten Augen nahezu rundum sehen. **Dennoch haben Pferde eine sogenannte blinde Zone im Bereich der Nüstern und direkt davor sowie hinter dem Pferd entlang des Rückens. In diesen toten Winkeln sieht das Pferd nichts.** Es muss den Kopf drehen, um in diesen Bereichen etwas erkennen zu können. Aus diesem Grund kann sich ein Pferd erschrecken, wenn plötzlich etwas aus einem toten Winkel auftaucht wie beispielsweise der Arm des Reiters. Reize in Bodennähe von schräg hinten lösen

Pferde nehmen die Welt viel intensiver wahr.

beim Pferd am wahrscheinlichsten eine Fluchtreaktion aus. In Studien konnte man nachweisen, dass wenn das Pferd mit etwas beschäftigt ist wie beispielsweise Fressen, Schreckreize von unten eher wahrgenommen werden als jene, die an der Seite auf Buggelenkshöhe präsentiert wurden.

- **Das Pferd sieht nur in einem kegelförmigen Bereich direkt vor sich dreidimensional (circa 70 Grad, Mensch circa 120 Grad). Lediglich in diesem Bereich können sie Abstände gut abschätzen.** Ein Beispiel: Wenn ein unbekanntes Objekt seitlich auftaucht, kann man beobachten, dass Pferde es prüfen, indem sie den Kopf in diese Richtung wenden, um es dreidimensional sehen und den Abstand einschätzen zu können.
- **Die meisten Pferde scheuen eher auf der linken Hand.** Dafür gibt es eine einfache Erklärung: Wenn das Pferd etwas mit dem linken Auge erfasst, wird dieser Eindruck in der rechten Gehirnhälfte verarbeitet. Hier werden die Informationen eher emotional verarbeitet. In der linken Gehirnhälfte hingegen, in der die Informationen aus der rechten Körperhälfte eingehen, werden die Informationen eher rational verarbeitet. Wenn Pferde auf der rechten Hand scheuen, liegt das meiner Beobachtung nach oft daran, dass sie einfach daran gewöhnt sind, dass wir alles von links machen wie Halftern, Satteln und Aufsteigen.
- **Pferde brauchen mehr Zeit, um ihre Augen von Hell auf Dunkel umzustellen als der Mensch.** Aus diesem Grund stocken manche Pferde, wenn sie beispielsweise auf einem sonnigen Reitplatz sind und plötzlich der Schatten eines Baumes vor ihnen am Boden auftaucht.
- Pferde haben eine verbesserte Wahrnehmung für das Sehen in der Dämmerung.

Eine weitere bemerkenswerte Fähigkeit, die direkt mit dem Sehen verbunden ist, ist das Erkennen von Veränderungen in der Umgebung. Das kann eine Schubkarre sein, die plötzlich an einem anderen Platz steht. Das Pferd springt plötzlich „aus dem Nichts" zur Seite, obwohl es die Schubkarre schon gefühlte tausendmal gesehen hat. Der Grund: Das Pferd ist darauf getrimmt, kleinste Veränderungen in seiner Umgebung wahrzunehmen. Schließlich könnte das in freier Wildbahn ein Anzeichen für eine lauernde Raubkatze sein! Interessant, oder?

Pferde hören besser als wir Menschen. Sie können Geräusche aus bis zu vier Kilometern Entfernung noch erkennen.

Hören:

- Pferde hören besser als Menschen. Geräusche können aus bis zu vier Kilometern Entfernung noch erkannt werden.

Darüber hinaus besitzen Pferde eine weitere sehr außergewöhnliche Fähigkeit, sie können nämlich andere Lebewesen lesen. Das ist zwar kein „echter“ Sinn wie Sehen und Hören, aber dieser Punkt ist sehr wichtig für das Training, denn ein Pferd ist in der Lage, subtilste Anzeichen von Anspannung, Stress, Aufregung oder Angst bei anderen Lebewesen wahrzunehmen. Deinen Herzschlag spürt es – wissenschaftlich belegt – übrigens bereits aus sechs Metern Entfernung! Aus diesem Grund macht es auch keinen Sinn, mit weichen Knien Gelassenheitstraining zu machen: Dein Pferd spürt das ganz genau. Das wiederum kann es verunsichern (siehe dazu auch Kasten „Und dann haben wir noch den Menschen!“ auf Seite 124ff.).

Meine Lieblingsübungen im Gelassenheitstraining

Yeah, jetzt starten wir mit dem praktischen Teil! Auf den folgenden Seiten findest Du meine absoluten Gelassenheits-Lieblingsübungen, die ich mit jedem Pferd mache.

Bitte beachte, dass für alle Übungen meine Trainingsprinzipien gelten, die ich zuvor beschrieben habe. Beispielhaft erwähne ich die Prinzipien auch bei einzelnen Übungen, um zu verdeutlichen, worauf es ankommt.

Und ganz wichtig: Ich schaue mir vorher genau an, welchen Pferdetyp ich an der Hand habe (siehe Seite 26ff.). Dementsprechend passe ich die Übungen an, sprich bei eher introvertierten Pferden gehe ich anders vor als bei extrovertierten Pferden. Mehr Informationen dazu gebe ich bei der jeweiligen Übung.

Für jede Übung gilt: Bitte achte stets darauf, dass Du mit dem Gelassenheitsequipment **nicht** über die Rückenlinie kommst, weil es sonst plötzlich im anderen Auge des Pferdes auftauchen würde und das Pferd könnte dann in Deine Richtung scheuen.

1. Müllsack

Ja, ein Müllsack ist hässlich, aber sehr nützlich. Mit einem leeren Sack kann ich beispielsweise eine flatternde Decke auf dem Pferderücken oder eine raschelnde Jacke des Reiters im Sattel simulieren. Der Müllsack kann auch in einer für das Pferd bedrohlichen Höhe auftauchen oder sogar aus einem toten Winkel heraus.

Darüber hinaus macht ein Müllsack sehr merkwürdige Geräusche. Kurzum, so ein Sack ist ein wirklich nützliches Utensil im Gelassenheitstraining! Und total praktisch: Einen Müllsack hat jeder Pferdebesitzer beziehungsweise Reiter im Haus, sodass Du sofort ohne großen Aufwand mit dem Gelassenheitstraining starten kannst!

Welcher Müllsack eignet sich für das Training?

Ich unterscheide drei Steigerungsformen:

1. den dünnen gelben oder durchsichtigen Sack, der nur wenig raschelt;
2. den dunkelblauen, mittelstarken Sack;
3. den sehr stabilen, königsblauen Sack.

Starte bitte immer mit dem dünnen gelben Sack, um das Pferd schonend daran zu gewöhnen. Akzeptiert das Pferd den dünnen Müllsack, kannst

Ob ich ein Pferd am Müllsack schnuppern lasse, hängt vom Pferdetyp ab. Nicht jedes Pferd ist so extrovertiert wie meine Bailey, so dass es beispielsweise den Sack untersuchen will.

Du mit dem dunkelblauen, mittelstarken Sack weiterarbeiten und erst zum Schluss wechselst Du zur „Hardcore-Variante", dem königsblauen Sack.

So geht's: Knülle den Müllsack zunächst ganz klein zusammen, bis er die Form eines kleinen Balls hat. Dann zeigst Du Deinem Pferd den zusammengeknüllten Sack.

Ob ich ein Pferd am Müllsack oder an einem anderen unbekannten Gegenstand schnuppern lasse, hängt sehr stark vom Pferdetyp ab.

Nicht jedes Pferd ist so extrovertiert, dass es den Sack untersuchen will. Die Gefahr: Bei einem ängstlichen Pferd kann es passieren, dass das Pferd sich zwar überwindet, den Gegenstand mit der Nase anzustupsen, das Ding aber ein komisches Geräusch beim Berühren macht und das Pferd hierdurch eine negative Erfahrung mit dem unbekannten Gegenstand abspeichert, die ich dann erst wieder in Ordnung bringen muss. Aus diesem Grund lasse ich unsichere Pferde zunächst in die Situation hineinwachsen.

Und das gelingt so: Gehe erst mal mit dem zusammengeknüllten Müllsack weg vom Pferd. Halte den Sack zunächst vor Dich und fordere das Pferd auf, Dir zu folgen. Das Pferd befindet sich nun in der sogenannten treibenden Position, sprich es lernt, dass alles Gruselige vor ihm weicht und es hat das Gefühl, dass es den Reizauslöser steuern kann. Das macht Pferde unglaublich mutig und lässt die Angst im Nu schwinden. Darüber hinaus befindet sich der Müllsack im Sichtfeld, wo das Pferd dreidimensional sehen kann, sprich es kann die Distanz zum Gruselmonster besser abschätzen. Allein das kann für das Pferd schon eine echte Erleichterung sein.

Klappt das, drehst Du Dich zum Pferd um, gehst rückwärts und hältst den Müllsack nun zwischen Euch beide.

Wenn das fürs Pferd in Ordnung ist, gehe ich mit dem zusammengeknüllten Müllsack an die linke Schulter des Pferdes. Das mache ich mit extrovertierteren Pferden übrigens sofort (ohne vorheriges Führen).

Bleibt das Pferd gelassen, wenn Du mit der Tüte an der Schulter stehst, rubbelst Du das Pferd mit dem Sack an der Schulter ab. In diesem Bereich ist es für die allermeisten Pferde anfangs in Ordnung und nicht so gruselig.

Bleibt das Pferd gelassen, wenn Du mit der Tüte an der Schulter stehst, rubbelst Du das Pferd mit dem Sack an der Schulter ab. In diesem Bereich ist es für die allermeisten Pferde anfangs in Ordnung und nicht so gruselig. Arbeite hier mit Annäherung und Rückzug, um das Pferd nicht zu überfordern (Sack dranhalten, Sack wegnehmen und Pause mit Kopfabsenken, Sack wieder dranhalten und so weiter). Klappt das, wechselst Du die Seite und machst dasselbe Spiel an der anderen Pferdeschulter. Bitte achte stets darauf, dass Du nicht über die Rückenlinie kommst, weil der Sack sonst plötzlich im anderen Auge des Pferdes auftauchen würde. Das Pferd könnte dann in Deine Richtung scheuen.

Wann ist ein guter Zeitpunkt, um den Rückzug anzutreten? Grundsätzlich sollte man die Annäherung stoppen und den Rückzug antreten, wenn das Pferd (noch) entspannt ist. „Noch" deswegen, weil wir beim Prinzip von Annäherung und Rückzug stets an der sogenannten *Cutting Edge*, also an einer Schneide arbeiten. Wir wollen, dass das Pferd einen kleinen Fortschritt macht und bringen es über die Annäherung ganz leicht aus seiner Komfortzone heraus. Gleichzeitig müssen wir aber unbedingt verhindern, dass die Situation eskaliert, weil wir sonst das Vertrauen des Pferdes verlieren (siehe dazu auch Kapitel 6 „Stress bei Pferden" ab Seite 72ff.).

Erst wenn das auf beiden Seiten gut funktioniert, arbeitest Du Dich zu den „heikleren" Körperpartien vor. Das sind Hals, Rücken, Kruppe und Beine. Ziel ist es, dass Du Dein Pferd mit dem Müllsack am ganzen Körper abrubbeln kannst und es dabei ganz gelassen bleibt.

Klappt das, kommt die Königsdisziplin: Du füllst den Müllsack mit etwas Luft und berührst zunächst mit dem luftgefüllten Sack das Pferd. Der Sack ist nun etwas größer und macht komische Geräusche. Starte jetzt auch wieder an der linken Pferdeschulter. Reibe das Pferd zunächst damit ab.

Um den Reiz weiter zu steigern, kannst Du das Pferd mit dem Sack auch abklopfen: Dazu hältst Du den Müllsack mit einer Hand fest und klopfst das Pferd mit dieser Hand am ganzen Körper ab. Indem der Müllsack immer wieder Deinen Handrücken berührt (und nicht das Pferd!), entstehen vermeintlich Furcht einflößende Geräusche.

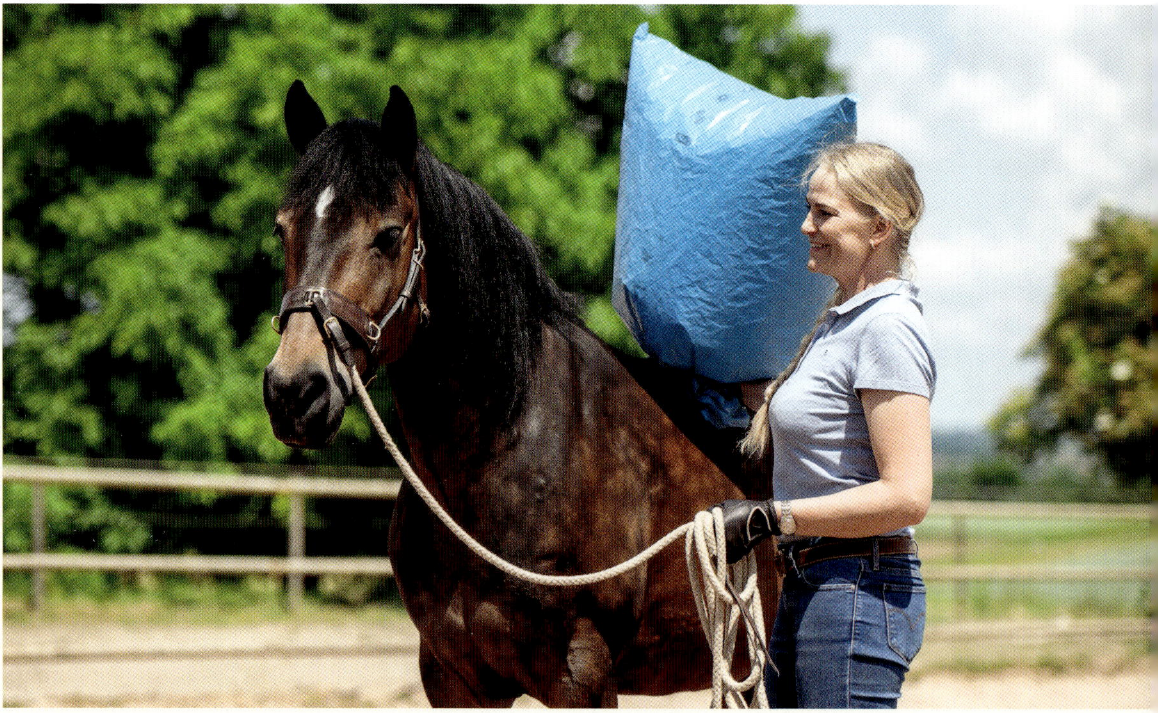

Die Königsdisziplin: Ich klopfe Bailey mit einem mit Luft gefüllten Sack ab.

Der Schlüssel zum Erfolg – moderne Lerntheorie: Wir wollen das Pferd desensibilisieren, sprich in die Lage versetzen, dass es den Reiz – in diesem Fall den Müllsack – als nicht mehr wichtig/relevant einstuft. Damit Dein Pferd lernt, einen unangenehmen Reiz auszuhalten und diesem künftig nicht mehr auszuweichen, nutzt Du – sofern das Pferd den Müllsack bereits durch Annäherung und Rückzug kennengelernt hat und grundsätzlich keine Angst mehr davor hat – am besten die sogenannte operante Konditionierung mit negativer Verstärkung. Das bedeutet: Wenn Du den Sack ans Pferd hältst und dieser Geräusche macht, wird dieser erst entfernt, wenn das Pferd das erwünschte Verhalten wie Stillstehen zeigt. Dann erst folgt der Rückzug (Gegenstand wegnehmen, Pause und Kopfabsenken). Am besten setzt Du auch noch eine positive Verstärkung ein: Du lobst das Pferd mit einem Leckerli, Deiner Stimme oder einer ausgiebigen Streicheleinheit dafür, dass es so tapfer war.

Operante Konditionierung: Im Gegensatz zur Gewöhnung ist die operante Konditionierung ein bewusster Vorgang. Hierbei tritt ein Verhalten immer häufiger auf, weil es verstärkt wird, sprich das Pferd dafür eine Belohnung erhält. Dafür muss es grundsätzlich offen sein, sprich die Belohnung muss etwas sein, dass es gerne haben/erreichen möchte. Eine Belohnung kann das Nachlassen von Druck (negative Verstärkung) sowie ein Leckerli oder Lob (positive Verstärkung) sein. Beides richtig eingesetzt ist hochwirksam und ein toller Lernbeschleuniger!

Das Pferd lernt auf diese Art und Weise etwas ganz Wertvolles, das Euch für alle weiteren Übungen (ja sogar für Euer ganzes gemeinsames Leben) nützt: Flucht ist falsch, Nachdenken und eine Alternative suchen (in diesem Fall Stehenbleiben und Aushalten) ist richtig. Weil sich diese Erfahrung nicht beim ersten Mal sofort im Pferdekopf festsetzt, solltest Du die Übung mehrfach wiederholen.

Gruseliges in Bewegung: Pferde, die die Mülltüte im Stand problemlos akzeptieren, aber in Bewegung plötzlich Angst davor bekommen, gewöhne ich so daran: Ich befestige den Sack mit einer langen Schnur und einem Knoten, der sich im Notfall mit einem Ruck öffnen lässt, am

Gruseliges in Bewegung: Chex Me fürchtet sich nicht vor dem Müllsack auf ihrem Rücken.

Sattelhorn oder beim Dressursattel an der Öse, an der sonst der Maria-Hilf-Riemen befestigt wird. Das Ende der langen Schnur halte ich fest. Dann longiere ich das Pferd um mich herum. Klappt das im Schritt, lasse ich das Pferd auch traben. Bekommt das Pferd dabei Panik, hole ich das Pferd wieder zu mir und lasse es übertreten auf einer gebogenen Linie oder arbeite mit Stellung und Biegung. Die Übungen an sich beruhigen meist schon und so kann das Pferd den Sack auch besser sehen. Das ist mein Lösungsweg aus der Angst beziehungsweise Panik, mit dem ich sehr gute Erfahrungen gemacht habe.

So geht's:
Training mit dem Müllsack

2. Fahne

Wehende Fahnen gibt es (fast) überall. Selbst eine Plastiktüte kann zu einem Fähnchen im Wind werden, wenn sie sich in einem Ast verfängt. Die Herausforderung für das Pferd: Eine Fahne bewegt sich nicht nur, sondern sie macht auch Geräusche. Und je schneller eine Fahne geschwenkt wird oder im Wind weht, desto lauter wird sie.

So geht's: Zeige Deinem Pferd als Erstes die noch zusammengerollte Fahne (**Tipp**: Du musst die Fahne nicht sorgsam aufrollen. Es reicht schon, wenn Du den Stoff der Fahne einfach mit einer Hand nimmst und festhältst). Ein unsicheres Pferd nimmst Du dann zunächst in die treibende Position wie beim Müllsack (siehe Seite 90ff.), um es in die neue Situation hineinwachsen zu lassen. Zeigt sich das Pferd hingegen unbeeindruckt von der gerollten Fahne, kannst Du es mit der Fahne sofort an der linken Schulter berühren. Das gilt auch für ängstlichere Pferde, die in der treibenden Position keine Mühe mehr mit der Fahne haben.

Arbeite an der Schulter auch wieder mit Annäherung und Rückzug, um das Pferd nicht zu überfordern (gerollte Fahne dranhalten, Fahne wegnehmen und Pause mit Kopfabsenken, Fahne wieder dranhalten,

Ich nehme Bricket zunächst in die treibende Position, um sie in die neue Situation hineinwachsen zu lassen.

Arbeite an der Schulter auch wieder mit Annäherung und Rückzug, um das Pferd nicht zu überfordern.

Achtung am Kopf: Ich empfehle, die Fahne stets von hinten nach vorne über den Pferdekopf zu ziehen.

wegnehmen und so weiter). Bitte achte stets darauf, dass Du nicht über die Rückenlinie kommst, weil die Fahne sonst plötzlich im anderen Auge des Pferdes auftaucht und das Pferd dann in Deine Richtung scheuen könnte.

Klappt das, wechselst Du die Seite und führst dasselbe Spiel an der anderen Pferdeschulter durch. Wichtig ist, anfangs nicht zu wild mit der gerollten Fahne herumzufuchteln und die Reizstärke individuell auf das jeweilige Pferd abzustimmen.

Wenn das Pferd dabei gelassen bleibt, kannst Du es mit der Fahne auch am Rücken, an den Beinen oder der Hinterhand berühren. Später wird das Pferd die Berührung ebenso an Körperstellen akzeptieren, die im toten Winkel liegen (an der Brust, unter dem Bauch oder direkt hinter dem Tier). Achtung am Kopf: Ich empfehle Dir, die Fahne von hinten nach vorne über den Pferdekopf zu nehmen und auch darauf zu achten, dass immer ein Pferdeauge freie Sicht hat, sprich nicht „blind" gesetzt wird.

Nugget hat keine Angst mehr vor der Fahne.

Erst dann geht es darum, das Pferd an die ausgerollte Fahne zu gewöhnen. Dazu vergrößerst Du zunächst den Abstand zum Pferd. Wähle eine Distanz, wo das Pferd noch gelassen bleibt, wenn Du mit der tief gehaltenen Fahne neben Dir wedelst. Du stehst dabei zwischen Pferd und Fahne. Ich empfehle immer, mit solchen Schreckgespenstern erst tief zu arbeiten. Bleibt das Pferd dabei gelassen, kannst Du die Fahne auch allmählich auf und ab bewegen sowie Dich dem Pferd mit Annäherung und Rückzug nähern.

3. Schirm

Ein Regenschirm ist einer der schrecklichsten Gegenstände, der uns im Stallalltag begegnen kann und bei Regen kommt er auf jedem Ausritt vor. Manche Spaziergänger meinen es dann besonders gut und klappen den Regenschirm vor dem Pferd zu, um ihn dann doch auf Höhe des Pferdes wieder aufzuklappen. Und plötzlich erschrickt sich das Pferd. Pferde finden meist sowohl das klackende Geräusch als auch den plötzlich auftauchenden Gegenstand, der oft aus einem toten Winkel erscheint, gruselig.

So geht's: Zeige Deinem Pferd zunächst den zugeklappten Schirm. Ein unsicheres Pferd nimmst Du dann in die treibende Position wie beim Müllsack oder der Fahne, um es in die neue Situation hineinwachsen zu lassen. Zeigt sich das Pferd hingegen unbeeindruckt vo dem zugeklappten Schirm, kannst Du es mit dem Schirm sofort an der linken Schulter berühren. Das gilt auch für ängstlichere Pferde, die in der treibenden Position keine Mühe mehr mit dem Schirm haben.

Arbeite an der Schulter auch wieder mit Annäherung und Rückzug, um das Pferd nicht zu überfordern (zugeklappten Schirm dranhalten, wegnehmen und Pause mit

Paulchen schnuppert am Schirm.

Auch hier arbeite ich zunächst an der Schulter und auch wieder mit Annäherung und Rückzug, um das Pferd nicht zu überfordern.

Paulchen und ich lieben Schirme!

Kopfabsenken, Schirm wieder dranhalten und so weiter). Bitte achte stets darauf, dass Du nicht über die Rückenlinie kommst, weil der Schirm sonst plötzlich im anderen Auge des Pferdes auftaucht und das Pferd dann in Deine Richtung scheuen könnte.

Klappt das, wechselst Du die Seite und führst dasselbe Spiel an der anderen Pferdeschulter durch. Wichtig ist, nicht zu wild herumzufuchteln und die Reizstärke individuell auf das jeweilige Pferd abzustimmen.

Wenn das Pferd dabei gelassen bleibt, kannst Du es mit dem Schirm auch am Rücken, an den Beinen oder der Hinterhand berühren. Später wird das Pferd die Berührung ebenso an Körperstellen akzeptieren, die im toten Winkel liegen (an der Brust, unter dem Bauch oder direkt hinter dem Tier).

Im Anschluss gewöhnst Du Dein Pferd an das Auf- und Zuklappen – zunächst aus einer Entfernung, wo das Pferd dabei gelassen bleibt. Stelle Dich zwischen Schirm und Pferd und klappe den Schirm anfangs erst langsam auf und zu, dann immer schneller (Reizsteigerung). Achte darauf, den Schirm zunächst nicht über Dir, sondern lieber vor Dir auf- und zuschnappen zu lassen.

Bleibt das Pferd dabei cool, verkleinerst Du allmählich den Abstand zwischen Pferd und Schirm.

Besonders gelassene Pferde akzeptieren es auch, wenn man den Schirm über ihren Rücken und den Kopf schwenkt oder ihn sogar dort auf- und zuklappt. Achtung am Kopf: Ich empfehle Dir, den Schirm von hinten nach vorne über den Pferdekopf zu nehmen und auch darauf zu achten, dass immer ein Pferdeauge freie Sicht hat, sprich nicht „blind“ gesetzt wird.

Der Schlüssel zum Erfolg – moderne Lerntheorie: Wie bereits bei den Übungen mit Müllsack und Fahne nutzen wir hier das Prinzip von Annäherung und Rückzug sowie die operante Konditionierung mit negativer (der Schirm wird beim Zeigen des erwünschten Verhaltens weggenommen/nicht mehr auf- und zugeklappt) und positiver Verstärkung (Loben).

So geht's:
Training mit dem Schirm

4. Klappersack

Im Klappersack befinden sich leere Konservendosen. Somit macht der Klappersack einen irren Lärm. Und damit ist er die perfekte Steigerung des Müllsacks!

So geht's: Zeige Deinem Pferd zunächst den Klappersack. Ein unsicheres Pferd nimmst Du dann zunächst in die treibende Position wie bei den Übungen zuvor. Hebe den Klappersack dabei am besten hoch und halte ihn vor Dich. Klappt das, drehst Du Dich zum Pferd um, gehst rückwärts und hältst den Klappersack nun zwischen Euch beide.

Zeigt sich das Pferd hingegen unbeeindruckt von dem Klappersack in Deinem Arm, kannst Du mit dem Klappersack an die linke Schulter gehen. Das gilt auch für ängstlichere Pferde, die in der treibenden Position keine Mühe mehr mit der Klappersack haben.

Lass nun den Klappersack leicht auf den Boden plumpsen, sodass es klappert. Starte am besten mit einem schwachen Reiz und steigere das Klappern allmählich (von leicht zu schwer). Wird das Pferd dabei unruhig und läuft beispielsweise los (manche müssen durch Laufen den Stress abbauen), bleibst Du bitte dran, bis sich das Pferd wieder beruhigt hat. Erst wenn das Pferd beim Klappern ganz gelassen bleibt, kannst Du mit dem Sack wieder von der linken zu rechten Schulter gehen. Auch wenn das kein Problem mehr fürs Pferd ist, kannst Du vor dem Pferd auf Höhe der Hinterhand sowie auch über dem Pferd klappern, indem Du den Sack hochhebst und etwas schüttelst.

Bailey bleibt total cool, wenn ich den Klappersack auf den Boden plumpsen lasse.

Klappt das alles im Stand schon gut, schnappst Du Dir am besten noch eine Hilfsperson, die das Pferd im Schritt auf dem Zirkel führt. Du läufst vor dem Pferd und ziehst den Klappersack hinter Dir her. Jetzt befindet sich das Pferd wieder in der treibenden Position. Variiere den Abstand – je nachdem, wie mutig Dein Pferd bereits ist. Wichtig: Die Hilfsperson und Du laufen am besten auf der gleichen Seite, sprich Innenseite des Pferdes. Wenn die Seite gewechselt wird, dann nur von Euch beiden gleichzeitig. Bleibt das Pferd dabei ruhig, kannst Du mit dem Sack zwischen einem Kreis und einer Gerade variieren. So verschwindet der Sack immer wieder aus dem Sichtfeld des Pferdes und taucht plötzlich wieder auf.

Noch mehr Zwischenschritte

Mein Ausbilder in den USA pflegte immer zu sagen: „If you have a problem with a horse, go back to the roots!“ Das heißt frei übersetzt: Sobald es im Training mit unseren Pferden Schwierigkeiten gibt, solltest Du immer einen oder auch zwei Schritte zurückgehen, bis Dein Pferd wieder in seiner Komfortzone ist.

Vielleicht musst Du dazu auch kleinere Zwischenschritte einbauen. Zerlege die Aufgabe in viele kleine Puzzleteile, die Du langsam wieder zusammensetzt. Davon profitieren besonders Milztypen und Herztypen, die langsamer lernen oder sich schnell aufregen.

Beispiel Klappersack: Hat das Pferd bereits Angst, sobald es den Klappersack sieht, lässt Du ihn nicht klappern, sondern einfach irgendwo ruhig stehen. Nähere Dich immer wieder dem Sack. Erst, wenn das Pferd von sich aus Kontakt mit dem Sack aufnimmt, ohne dabei Angst zu haben, kannst Du ihn bewegen oder damit klappern.

5. Rätsche

Selbst die coolsten Pferdetypen rasten beim Geräusch der Rätsche aus! Das Knattern ist für Pferde besonders unangenehm, weil sie so gut hören. Ich weiß noch, wie ich die Rätsche das erste Mal in einem Gelassenheitstraining einsetzte: Ein Großteil der teilnehmenden Pferde wäre am liebsten geflüchtet und hätte gerne auf das lärmende Ding verzichtet. Nachdem sich alle Pferde und Reiter wieder beruhigt hatten, war dieses kleine Ding kursfüllend für acht Pferd-Reiter-Kombinationen über zwei Tage.

So geht's: Beginne ein paar Meter vom Pferd entfernt die Rätsche zu drehen. Wähle eine Distanz, die für Dein Pferd erträglich ist (für Milz- oder Lunge-Typen so circa vier bis fünf Meter Abstand, bei Herz-, Leber- oder Niere-Typen wähle ich bedeutend mehr Abstand).

Mit etwas unsicheren Kandidaten gehst Du zunächst wieder ein paar Meter vorwärts und drehst dabei ununterbrochen im Dauerton die Rätsche vor Dir, bis sich das Pferd daran gewöhnt hat. Klappt das, drehst Du Dich um, nimmst die Rätsche zwischen Dich und das Pferd und

Ich nehme Nugget zunächst in die treibende Position, um sie in die neue Situation hineinwachsen zu lassen.

gehst wieder einige Meter, bis das Geräusch für das Pferd okay ist.

Ich drehe die Rätsche im Dauerton an der Pferdeschulter.

Besser Dauerton:
Viele Pferde finden die Rätsche unheimlich, wenn man sie nur kurz dreht. Aus diesem Grund empfehle ich, die Rätsche zunächst im Dauerton zu drehen. Bei sehr ängstlichen Pferden, die sich vor dem Geräusch extrem gruseln, nehme ich anfangs Kunststoff-Klatschhände, die man beispielsweise von

Akzeptiert das Pferd das Geräusch an der Schulter, kann man auch am Bauch „rätschen".

Kindergeburtstagen kennt. Die machen nicht ganz so laute Geräusche.

Im Anschluss sowie sofort bei mutigeren Pferden, kannst Du die Rätsche im Dauerton an der Pferdeschulter drehen. Klappt das, kannst Du auch vor, unter, hinter und über dem Pferd „rätschen".

Zeigt das Pferd Angst, rate ich, nicht beruhigend auf es einzuwirken, sondern eher motivierend. Damit bringst Du selbst eine gewisse Leichtigkeit rein. Tätschelt und streichelst Du das aufgeregte Pferd hingegen „beruhigend", so „belohnst" Du eher unerwünschtes Verhalten (nämlich die Aufregung). Das Pferd kann sich in seiner Angst bestätigt fühlen und könnte sinngemäß sagen: „Ich habe schon immer gewusst, dass das ganz gruselig ist, also nix wie weg", sprich es bleibt in Alarmbereitschaft.

Sinnvoll ist, das aufgeregte Pferd ruhig etwas herumzappeln zu lassen, wenn es Spannung abreagieren muss. Bleibe selbst dabei unaufgeregt und belohne das Pferd, wenn es von sich aus wieder ruhig wird und bei Dir stehen bleibt. Es gilt, die Ruhe zu belohnen, nicht die Aufregung!

Richtig loben:
Hand aufs Herz: Wie sehr feierst Du Dein Pferd, wenn es etwas richtig macht? In meinen Kursen beobachte ich immer wieder, dass die wenigsten Pferdebesitzer beziehungsweise Reiter ihr Pferd wirklich loben. Dabei spüren die Pferde ganz genau unsere Emotionen und vor allem unsere Freude. Bei meinen Pferden merke ich immer, dass es richtig viel Gutes bewirkt, wenn ich mich total über ihre Leistung freue. Probiere es gerne mal aus!

6. Tröte

Hier bringen wir wieder ein lautes Geräusch ins Spiel, das bestimmte Situationen simuliert: Kommt ein Krankenwagen, die Feuerwehr oder Polizei im Einsatz am Pferd vorbei gedüst, dröhnt das Martinshorn laut. Dabei können die Einsatzkräfte nun wirklich keine Rücksicht auf Pferde nehmen. Für das Training können wir aber auch nicht beim Rettungsdienst anrufen und sagen: „Können Sie mal vorbeikommen und das Martinshorn anmachen, damit sich mein Pferd daran gewöhnen kann?“ Als Martinshornersatz kommen bei mir Tröten und Druckluftfanfaren zum Einsatz.

Beginne zuerst ein paar Meter vom Pferd entfernt zu tröten. Wähle eine Distanz, die für Dein Pferd erträglich ist. Foto: Ellen Hamsa

Bricket akzeptiert das laute Geräusch auch direkt vor ihrem Kopf. Foto: Ellen Hamsa

So geht's: Beginne ein paar Meter vom Pferd entfernt zu tröten. Wähle eine Distanz, die für Dein Pferd erträglich ist (für Milz- oder Lunge-Typen so circa vier bis fünf Meter Abstand, bei Herz-, Leber- oder Niere-Typen wähle ich bedeutend mehr Abstand). Genau wie schon bei der Rätsche haben Pferde meist mehr Probleme mit kurzen, immer wiederkehrenden Sequenzen und weniger mit anhaltenden Tönen.

Mit etwas unsicheren Kandidaten gehst Du zunächst wieder zunächst ein paar Meter vorwärts und trötest dabei vor Dir, bis sich das Pferd daran gewöhnt hat. Bei dem lauten Geräusch kann es gut sein, dass Du zunächst etwas mehr Abstand halten musst. Klappt das, drehst Du Dich um, nimmst die Tröte zwischen Dich und das Pferd und gehst wieder einige Meter, bis das Geräusch für das Pferd okay ist.

Im Anschluss sowie sofort bei mutigeren Pferden kannst Du auch an der Pferdeschulter tröten. Klappt das, kannst Du auch vor, unter, hinter und über dem Pferd laute Geräusche machen.

Auch wichtig: Lass nicht immer dieselbe Person tröten und für das Pferd sichtbar sein, sonst verbindet es diese Person schnell mit dem Lärm.

Schlecken und kauen:
Oft kann man beobachten, dass das Pferd nach einer erfolgreich absolvierten Übung anfängt, zu schlecken und zu kauen. Das zeigt, dass es die Reize verarbeitet und „verdaut".

7. Bälle

Plötzlich kommt etwas aus dem Nichts angerollt oder sogar angeflogen. Mit Bällen kann ich zum Beispiel gut einen Wildwechsel simulieren. Ein Bekannter geriet mal in eine Gruppe von Rehen. Das Pferd bekam Panik, stieg und kippte nach hinten über. Als das Pferd zu mir in Beritt kam, überlegte ich, wie man solch eine Situation trainieren kann. So entstand diese Trainingsidee:

So geht's: Gewöhne das Pferd erst an einen Ball (am besten nimmst Du dafür einen Gymnastikball), wie wir es auch an Müllsack und Schirm gewöhnt haben (treibende Position), damit das Pferd verinnerlicht, dass ein Ball grundsätzlich nichts Schlimmes ist, sprich rolle den Ball am besten erst vor Dir her. Sobald das klappt, kannst Du den Ball zwischen Dir und dem Pferd umherrollen.

Ich gewöhne Paulchen zunächst an den Ball, indem ich ihn in die treibende Position nehme.

Zwei Bälle fliegen – für mein Stuntpony Bailey kein Problem!

Paulchen wird immer mutiger. So toll!

So geht's: Training mit Bällen

Funktioniert auch das, schnappst Du Dir einen Helfer und ein bis zwei Gymnastikbälle. Bitte den Helfer, sich hinter einem Zaun oder einer Bande mit den Bällen zu positionieren, sodass man ihn und die Bälle nicht sieht. Du führst Dein Pferd im Schritt entlang der Bande oder des Zauns. Laufe auf derselben Seite, von der auch die Bälle geworfen werden, damit Du nicht im Weg stehst, falls das Pferd einen Satz weg vor den Bällen macht.

Zunächst soll der Helfer die Bälle einfach nur mit großem Abstand zum Pferd vor das Tier werfen. Bleibt Dein Pony dabei cool, kann der Helfer den Abstand zum Pferd allmählich verringern und die Bälle auch auf Höhe des Pferdes über die Absperrung werfen. Dabei muss der Helfer nur bitte darauf achten, das Pferd nicht am Kopf zu treffen. Klappt das, kann der Helfer die Bälle auch hinter dem Pferd werfen.

Ich würde dabei auf jeden Fall darauf achten, dass Dein Pferd Dich nicht überholt, indem Du vor ihm den Raum schließt. Außerdem solltest Du darauf gefasst sein, dass das Pferd versucht, nach dem Ball auszutreten. Bitte pass dabei gut auf!

8. Plane

Planen rascheln nicht nur, Pferde wissen auch nicht, was sich darunter befindet. Zudem fordert eine Plane die Augen heraus: Je höher der Kontrast, desto schwieriger ist es für das Pferd einzuschätzen, was die Plane überhaupt ist. Denn Pferdeaugen tun sich schwer, von Hell auf Dunkel umzuschalten. Aber helle und dunkle Flecken nebeneinander am Boden tauchen im Alltag oft auf, etwa wenn die Sonne auf den Hallenboden scheint und Gegenstände Schatten werfen oder auf einem Turnier Scheinwerfer genutzt werden. Außerdem ist die Arbeit mit einer Plane eine tolle Vorbereitung fürs Verladen.

So geht's: Breite Deine Plane flach aus und beschwere sie mit Sand, damit der Wind sie nicht wegweht und ein Hängenbleiben vermieden wird.

Tipp: Um dem Pferd die Übung leichter zu machen, kannst Du die Plane auch zunächst ganz schmal zusammenfalten und von Versuch zu Versuch weiter ausbreiten.

Im ersten Schritt möchte ich lediglich, dass sich mein Pferd kognitiv mit dem unbekannten Gegenstand beschäftigt. Das kann im Fall der Plane sein, dass das Pferd in die Halle kommt und die Plane aus der Entfernung bemerkt (Annäherung). Das ist bereits ein erster wichtiger Schritt.

Jetzt setze ich bereits mit einem Rückzug an: Ich bleibe stehen, sorge für Entspannung, indem ich das Pferd den Kopf absenken lasse und richte das Pferd danach ein paar Schritte rückwärts. Wichtig: Ich lasse das Pferd immer gerade rückwärts gehen (nicht umdrehen und weggehen oder Ähnliches!).

Dann kommt wieder die Annäherung: Ich fordere das Pferd auf, sich der Plane zu nähern. Nach ein paar Schritten (manchmal kann es auch nur ein einziger Schritt sein), folgt wieder der Rückzug mit Stehenblei-

Chex Me geht am durchhängenden Strick über die Plane.

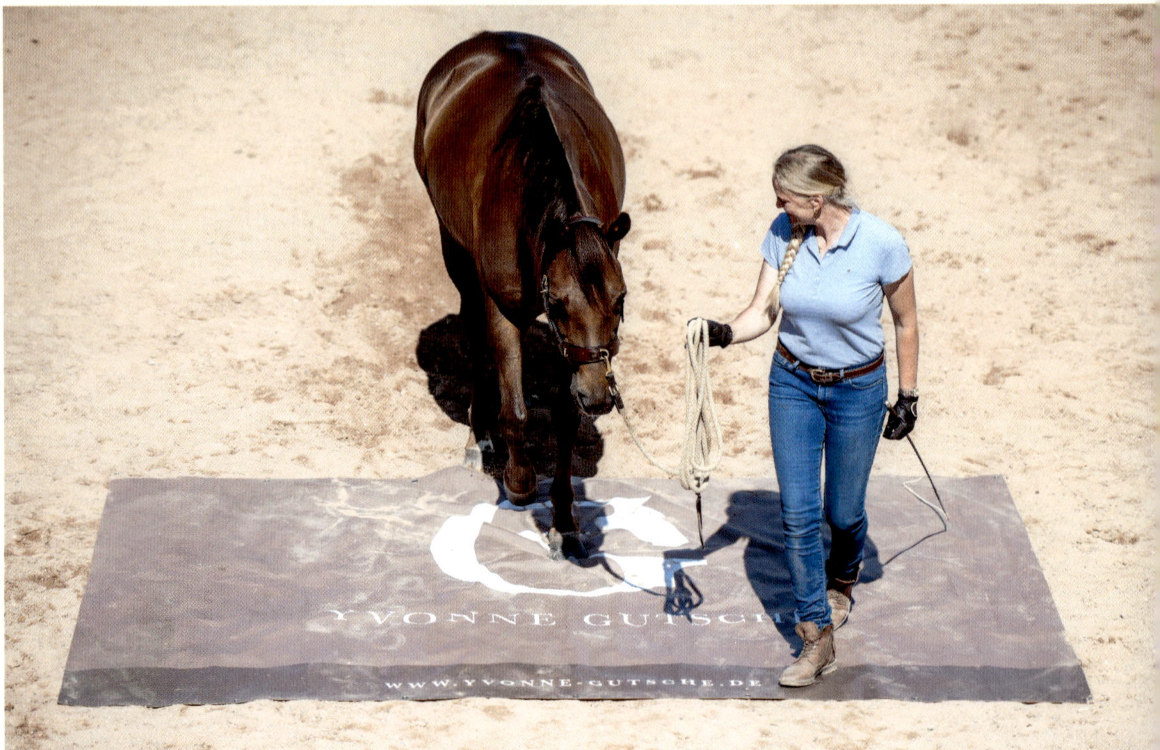

Ich lasse Pferde nicht über die Plane rennen oder drüber springen. Mit stürmischen Kandidaten mache ich lieber Raumarbeit, um sie dazu zu bringen, kontrolliert das Hindernis zu bewältigen.

ben, Kopfabsenken und Rückwärtsgehen.

Dann kommt wieder die Annäherung, dann wieder der Rückzug und so weiter, bis das Pferd immer mutiger wird und ganz gelassen über die Plane geht.

Wichtig:

- Ich lasse Pferde nicht über die Plane rennen oder darüber springen. Mit solchen stürmischen Kandidaten, die nur „schnell, schnell, schnell" im Kopf haben, mache ich lieber Raumarbeit (siehe Seite 51f.), um das Pferd dazu zu bringen, kontrolliert das Hindernis zu bewältigen. Dabei bestimme ich die Dynamik sowohl nach vorne als auch nach hinten, indem ich – wenn die Pferde versuchen nach vorne zu schießen – sie vor der Plane anhalte und ein paar Schritte **gerade** rückwärts richte. Dabei bestimme ich auch das Tempo vom Rückwärts. Dann schließe ich von hinten den „Raum" und gestatte dem Pferd, langsam nach vorne in Richtung Plane zu gehen. Versucht es wieder nach vorne zu drängeln, schicke ich es wieder gerade rückwärts. Diesen Vorgang von Annäherung

Geht das Pferd irgendwann ganz entspannt über die Plane, kannst Du das Pferd auch über die Plane schicken.

und Rückzug wiederhole ich so oft, bis das Pferd ganz entspannt vor der Plane bleiben kann und in der Lage ist, ruhig über die Plane zu gehen. Dieses Vorgehen ist nicht nur sicherer für mich, sondern ich möchte auch nicht, dass Pferde das Darüberstürmen als Lösungsweg für sich abspeichern und dieses Verhalten ebenfalls in anderen gruseligen Situationen abrufen.

- Hindere das Pferd am seitlichen Ausweichen. Lasse das Pferd nur gerade über die Plane gehen. Das ist eine wahre Lektion fürs Leben. Das erleichtert Dir auch in anderen Situationen wie dem Verladen das Leben, weil Du durch das kontrollierte und gerade Vorwärts- sowie Rückwärtsgehen von Anfang an unterbindest, dass das Pferd auf die Idee kommt, links oder rechts am Reizauslöser wie einer Plane, einem Hänger und so weiter vorbeizudrängen. Deswegen ist es auch ganz wichtig, nicht vor der Plane umzudrehen oder abzuwenden, um einen Rückzug zu vollführen, sondern gerade rückwärtszugehen, denn das Abwenden birgt die Gefahr, dass Pferde dann versuchen, als Lösungsansatz herumzukommen.

Geht das Pferd irgendwann ganz entspannt über die Plane, kannst Du das Pferd auch über die Plane schicken. Dazu drehst Du sich zum Pferd, damit Du es beobachten kannst und schickst es über die Plane. Klappt das, kannst Du das Pferd auch über die Plane longieren.

So geht's:
Planen-Training

Wie vermittle ich meinem Pferd, dass es keine Angst zu haben braucht?

Immer wieder werde ich gefragt, wie man das Pferd beim Gelassenheitstraining am besten führt, um ihm Sicherheit zu geben. Wie bei vielen solcher Themen habe ich auch hier kein Dogma. Ich empfehle, das Pferd so zu führen, wie man sich selbst am wohlsten fühlt und in einer Führposition, die dem Pferd guttut.

Grundsätzlich habe ich in den vergangenen Jahren jedoch die Erfahrung gemacht, dass die meisten Pferde zunächst am liebsten dem Menschen hinterherlaufen nach dem Prinzip vom Führen und Folgen (siehe Seite 58f.) und ganz nach dem Motto „Regle Du das mal erst an der Front, ich komme nach“. Dieses Entenmarschprinzip gibt vielen Pferden Sicherheit. Indem sie sehen, dass der Mensch die Furcht einflößende Situation erfolgreich bewältigt (und dabei nicht gefressen wird), werden sie auch mutiger und laufen dem Menschen hinterher, ohne sich dabei groß zu sorgen.

Wenn Du jedoch das Gefühl hast, dass das Pferd beim Führen und Folgen vor Angst Dir am liebsten auf den Arm springen oder Dich über den Haufen rennen würde und das für Euch beide wirklich schlimm enden könnte, würde ich mich tendenziell eher auf Kopf-Hals-Höhe neben das Pferd stellen und nach meinem Raumkonzept arbeiten (Seite 51f.).

Die Arbeit mit dem Raumkonzept gibt dem Pferd einen klaren Rahmen und somit Sicherheit und lässt es ruhiger/ konzentrierter werden. Darüber hinaus lernt das Pferd auch unseren privaten Raum zu akzeptieren, also dass es nicht in uns „hineinspringen“ darf. Gleiches empfehle ich auch bei hochsensiblen sowie tendenziell aggressiven Pferdetypen oder den kleinen Drama-Queens, die sich gerne mal in eine Situation reinsteigern.

Immer wieder beobachte ich Reiter, die bei ängstlichen, aggressiven oder hypersensiblen Pferden das Pferd sofort zu einem Gelassenheitshindernis wie einer Plane schicken, sprich das Pferd vorauslaufen lassen. Sie wägen sich damit in Sicherheit, dass das Pferd sie in dieser Position nicht umrennen kann. Aber das ist ein Trugschluss! Schicken ist mitunter das Schwierigste für ein Pferd im Gelassenheitstraining, denn man fordert es auf, sich ganz allein um die Furcht einflößende Situation zu kümmern. Das kann zu Überforderung und einem Vertrauensverlust führen! Denk nur mal an eine Pferdeherde und was sie tut, um Sicherheit zu geben. Natürlich gibt es in der Pferdeherde auch Anführer, die andere Pferde vorausschicken wie den Leithengst der Herde. Aber sie schützen das Herdenmitglied in der neuen Situation dadurch nicht, sondern setzen es der Gefahr aus (Stichwort Kanonenfutter) und schützen damit nur sich selbst.

Ich schicke ein Pferd erst voraus, wenn Führen und Folgen sowie Raumarbeit mit dem Furcht einflößenden Objekt gut klappen. Richtig angewendet macht Schicken Pferde dann tatsächlich noch mutiger und selbstsicherer.

Ganz coole Pferde darfst Du sogar in die Plane einpacken. Dazu wickelst Du die Plane als länglichen Schlauch und legst ihn über Schulter und Widerrist. Klappt das, kannst Du die Plane nach vorne bis zur Mitte des Halses und nach hinten bis zur Flanke ausbreiten. Bitte das Pferd dabei nicht an den Ohren mit der Plane berühren.

Jetzt ist Dein Pferd bereit, mit Kontrasten zu spielen: Dazu kannst Du schwarze und weiße Planen nutzen. Lege sie wie ein Schachbrettmuster nebeneinander. Das simuliert weiße Schneehaufen im Winter oder schattige Abschnitte auf einem Reitplatz im Sommer.

Ganz coole Pferde darf man sogar in die Plane einpacken. Foto: Lisa Rädlein

Warum sind Pferde manchmal durch den Wind?

Viele Reiter wundern sich, warum ihre Pferde sich bei Wind unruhiger verhalten als sonst. Dabei ist das eigentlich ganz logisch: Der Wind bewegt die Umwelt und Dinge bewegen sich oder flattern sogar. Doch das ist nicht der einzige Grund. Da Pferde gut hören und ein Geräuschbild von ihrem Umfeld speichern, bringt sie der Wind oftmals völlig durcheinander. Weil die Geräusche durcheinandergewirbelt werden, können Pferde sie schlechter zuordnen, und das macht ihnen Angst. Bekannte oder bereits im Hörbild abgespeicherte Geräusche hören sich auf einmal ganz anders an und Dein Pferd ist im schlimmsten Fall plötzlich mit Geräuschen konfrontiert, die es nicht kennt.

9. Luftballons

Luftballons können reinste Panikattacken auslösen. Die bunten Ballons stehen stellvertretend für alle Schreckmonster, die zum Beispiel hinter Hallenbanden, Häuserecken, Gartenzäunen, Hecken und Büschen auf uns und unsere Pferde lauern. Aber auch an solche Dinge kann man Pferde gut gewöhnen!

So geht's: Für das Training brauchst Du eine halbhohe Hallenbande oder Wand. Falls Du so etwas nicht hast, kannst Du Dir auch eine Absperrung basteln: Nimm am besten zwei Hindernisständer mit einer Stange in der Mitte. Hänge dann noch eine Decke über die Stange und fertig ist die „Wand" oder die „Bande". Bitte einen Helfer, sich dahinter zu platzieren. Sollte Dein Pferd Schwierigkeiten beziehungsweise Angst vor der gebastelten Wand haben, führst Du es erst ein paarmal an der „Wand" vorbei. Dann erst startest Du mit dem nachfolgenden Ballontraining.

Damit Du Dein Pferd nicht überforderst und es nicht beim ersten Schritt schon vor Schreck halb tot umfällt, gewöhnst Du es langsam an die Ballons, indem Du Dir zunächst einen Ballon schnappst, ihn vor Dich hältst und mit dem Pferd hinter Dir losläufst. Sobald dies für das Pferd in Ordnung ist, drehst Du Dich um, nimmst den Ballon zwischen Dich und das Pferd und läufst rückwärts.

Mit etwas Übung sind auch Luftballons bald keine Schreckgespenster mehr.

Achtung: Wenn Dein Pferd möchte, kann es auch am Ballon schnuppern. Bei sehr neugierigen Pferden solltest Du nur aufpassen, dass das Tier nicht in den Ballon beißt und ihn zum Platzen bringt, denn der Knall würde Dein Pferd mit Sicherheit erschrecken.

Im nächsten Schritt lässt Du Deinen Helfer hinter der Wand stehen und mehrere Luftballons so hochhalten, dass Dein Pferd die Ballons von vorne sieht. Nähere Dich nach dem Prinzip von Annäherung und Rückzug den Ballons.

Bleibt das Pferd dabei cool, kann Dein Helfer auf Höhe des Pferdes sowie hinter dem Pferd plötzlich die Luftballons aufsteigen lassen. Wenn es auch bei den aufsteigenden Ballons gelassen bleibt, kannst Du die Intensität steigern, indem Dein Helfer die Ballons mit schüttelnden Bewegungen aufsteigen lässt und sie das Pferd auch mal berühren.

Nun versuchst Du, Dein Pferd so nahe wie möglich daran vorbeizuführen. Am besten bleibst Du dabei zwischen Pferd und Reizauslöser, damit Du – sollte das Pferd vor den Ballons wegspringen – nicht getroffen wirst.

Das wiederholst Du, bis Du bei Deinem Pferd einen Fortschritt bei der Akzeptanz mit den Luftballons erkennst.

Auch hier gilt: Übung macht den Meister. Du wirst feststellen: Je öfter Du übst, desto gelassener wird Dein Pferd.

10. Flatterbandvorhang

Das Pferd lernt, dass es durch etwas hindurchgehen kann, obwohl es nicht unbedingt hindurchsieht. Flatterbänder sind aber auch deswegen gruselig für Pferde, weil sie sich bewegen und rascheln.

So geht's: Teile den Flatterbandvorhang zunächst am besten in der Mitte in zwei ungefähr gleich große Abschnitte, um es dem Pferd einfacher zu machen hindurchzugehen. Biete dem Pferd auf diese Weise einen Durchgang, ohne dass es von den Bändern berührt wird. Ich fixiere die Bänder auch gerne links und rechts, damit nichts flattert.

Als Erstes möchte ich, dass sich mein Pferd lediglich kognitiv mit dem unbekannten Gegenstand beschäftigt. Bei vielen Pferden reicht zunächst bereits, dass sie den Flatterbandvorhang aus der Entfernung bemerken (Annäherung).

Sobald das der Fall ist, setze ich bereits zum Rückzug an: Ich bleibe zunächst stehen, sorge für Entspannung, indem ich das Pferd den Kopf absenken lasse und richte das Pferd danach ein paar Schritte rückwärts. Wichtig: Ich lasse das Pferd immer gerade rückwärts gehen (nicht umdrehen und weggehen oder Ähnliches).

Dann kommt wieder die Annäherung: Ich fordere das Pferd auf, sich dem Flatterbandvorhang zu nähern. Nach ein paar Schritten (manchmal kann es auch nur ein einziger Schritt sein), folgt wieder der Rückzug mit Stehenbleiben, Kopfabsenken und Rückwärtsgehen.

Dann folgen wieder Annäherung, Rückzug, Annäherung und so weiter, bis das Pferd immer mutiger wird und irgendwann ganz gelassen durch den in zwei Teile getrennten Vorhang geht.

Wenn das gut klappt, nehme ich langsam ein paar Flatterbänder dazu. Nach und nach schließe ich das Sichtfenster, bis es komplett zu ist.

Trotz guter Vorbereitung kann es jedoch passieren, dass das Pferd plötzlich zögert und den Vorhang aus Bändern nicht alleine durchdringen möchte. In diesem Fall öffnest

Als erstes führe ich Chex Me durch den Vorhang, ohne dass sie von den Bändern berührt wird.

Wenn das gut klappt, nehme ich ein paar Flatterbänder dazu. Fotos: Ellen Hamsa

Nach und nach schließe ich den Vorhang, bis er komplett zu ist.

Wenn das Durchführen gut klappt, kannst Du Dein Pferd auch durchschicken. Fotos: Ellen Hamsa

Du am besten mit einer Hand einen Durchgang. Das Pferd kann es sich dann abschauen. Wenn das Hindurchführen gut klappt, kannst Du Dein Pferd auch durch den Flatterbandvorhang schicken.

Wichtig: Auch bei dieser Gelassenheitsübung gelten meine Tipps von Seite 80ff.

11. Fahrradfahrer

Fast jeder Reiter ist schon mal beim Spaziergang oder Ausritt einem Fahrradfahrer begegnet und weiß, wie gruselig manche Pferde diese Gefährte finden – vor allem, weil die meisten Radfahrer von hinten „aus dem Nichts" herandüsen und auch nicht vorher klingeln oder anders auf sich aufmerksam machen.

So geht's: Führe Dein Pferd geradeaus und bitte einen Helfer zunächst mit genügend Abstand vor dem Pferd herumzufahren. So kann sich das Pferd schon mal an die Person, das Gefährt und die Geräusche gewöhnen. Du kannst auch den Fahrradfahrer vorausfahren lassen und das Pferd in die treibende Position bringen.

Klappt das, soll der Helfer zunächst von vorne kommend an Euch vorbeifahren. Das ist für Pferde oft wesentlich einfacher.

Mein Amour bleibt total cool, wenn Fahrradfahrer uns von hinten überholen. Foto: Lisa Rädlein

Wenn das Pferd dabei cool bleibt, kann der Fahrradfahrer Euch von hinten überholen – zunächst bitte in einem etwas größeren Abstand. Fordere, bevor der Fahrradfahrer Euch zu nahekommt, die Aufmerksamkeit vom Pferd, indem Du es leicht zu Dir stellst. Gerade Fahrradfahrer nähern sich meist zunächst leise und erscheinen erst im Blickfeld des Pferdes, wenn sie bereits nah bei ihm sind. Auch ein Schultervor oder Schulterherein kannst Du nutzen, um Reize von hinten ins Sichtfeld des Pferdes zu holen und gleichzeitig die Konzentration des Pferdes auf Dich zu verbessern.

Konnte Dein Pferd den Fahrradfahrer einige Male aus dem Augenwinkel sehen und blieb dabei gelassen, kannst Du es schließlich geradegerichtet weitergehen lassen, wenn der Fahrradfahrer an Euch vorbeifährt.

So geht's:
Training mit Fahrradfahrern

Und dann haben wir noch den Menschen!

Beim Gelassenheitstraining dürfen wir ruhig auch an uns selbst arbeiten und nicht immer nur am Pferd. Ein guter Besitzer beziehungsweise Reiter trägt für sich selbst Sorge, sieht sich auf Augenhöhe mit dem Pferd, ist aber auch klar in dem, was er nicht will. Pferde lieben es, von einem geerdeten Menschen souverän geführt zu werden. Wenn etwas nicht klappt, ist der souveräne Mensch nicht emotional, sondern sucht nach einer anderen Lösung. Er gibt dem Pferd den Freiraum Fehler zu machen und ist nicht sein Babysitter.

In all den Jahren habe ich mehrere Dinge ausgemacht, die Pferde verunsichern und für die wir selbst verantwortlich sind. Hier kommen einige Punkte, die im Übrigen nicht nur entscheidend für ein erfolgreiches Gelassenheitstraining sind, sondern für das ganze Pferdeleben:

Die Angst des Pferdes kann mit einer unzureichenden Führungsposition des Menschen in Zusammenhang stehen. Ist der Reiter nicht in der Lage, dem Pferd ausreichend Schutz und Sicherheit zu geben, reagiert dieses in vermeintlich bedrohlichen Situationen auf eigene Faust in arttypischer Weise. Der Mensch muss am Boden und im Sattel stets eine verlässliche Führungsperson sein, die dem Pferd Schutz und Sicherheit gibt, vor der es aber ebenso Respekt haben sollte. Scheuenden Pferden fehlt oft Vertrauen zum Menschen.

Achte mal auf Deine eigene Körpersprache: Ist sie klar oder manchmal zögerlich? Pferde, die eine gute Führungsperson haben, folgen nach dem Entenmarschprinzip: Der Mensch geht vor, das Pferd kommt nach. Die Körpersprache des Menschen überträgt sich sofort auf das Pferd. Deswegen: Sicher vorangehen, nicht zögern und klar sein in den Kommandos.

Unterschiedliche Empfindungen von Pferd und Mensch: Beispielsweise stuft der Reiter ein Objekt wie einen Mülleimer am Wegrand als ungefährlich ein und treibt das etwas ins Stocken geratene Pferd mit Sporen oder Gerte vorwärts. Das Pferd empfindet durch die energischen Hilfen nur noch mehr Angst. Es entsteht ein Teufelskreis und die Scheureaktion kann von Mal zu Mal heftiger ausfallen! Wiederum andere Pferde haben keine Angst, sondern machen schlichtweg ein Drama aus der Situation. Ich muss dann sehr konsequent sein. So unterschiedlich kann das manchmal sein!

Einwirkung des Reiters: Eine harte Hand, ein zu scharfes Gebiss oder eine unnatürlich tiefe Kopfhaltung wie die Rollkur provozieren Stress, Anspannung und Angst. Eine sonst harmlose Situation kann das Pferd so zum Explodieren bringen.

Angst/Anspannung/negative Emotionen/emotionaler Stress des Menschen: Pferde haben sehr feinfühlige Antennen für unsere Empfindungen. Sie merken, wenn wir gut gelaunt oder angespannt sind. Das bestätigen mittlerweile diverse Untersuchungen. Sind Lebewesen in der Umgebung des Pferdes angespannt, zeigen Anzeichen von Stress und/oder Angst, wertet das Pferd dies als Hinweis darauf, dass irgendwo eine Bedrohung lauert, die es selbst noch nicht wahrgenommen hat, die anderen Lebewesen aber schon. Austricksen lassen sich Pferde nicht.

Aus diesem Grund sollte auch jemand, der eigentlich Angst hat, sich nicht auf ein Pferd setzen. Solch eine „Mutprobe“ oder falsche Eitelkeit kann sehr schnell sehr gefährlich werden. Manche Pferde reagieren darauf so heftig, dass sie sogar versuchen, das Nervenbündel auf ihrem Rücken loszuwenden. Ausnahmen bilden hier immer jene Pferde, die gut ausgebildet, routiniert und durch positive Erfahrungen in ihrem eigenen Selbstbewusstsein und Mut gestärkt wurden und dadurch eine gewisse Gelassenheit sowie Toleranz aufgebaut haben. In meinem Buch „Sicher reiten“ zeige ich Dir, wie Du solche Situationen vom Boden aus bis hin zum Reiten trainierst, ohne Dich dabei in Gefahr zu bringen.

Um die Stresstoleranzgrenze Deines Pferds noch weiter nach oben zu verschieben, empfehle ich Dir, alle Gelassenheitsübungen auch an verschiedenen Orten wie beispielsweise im Gelände zu machen.

Erlerntes Verhalten: Pferde werden durch einen ängstlichen Menschen geradezu darauf konditioniert, vor jedem bedrohlichen Gegenstand zu scheuen.

Überforderung: Diesen Punkt finde ich sehr wichtig, weil er häufig unterschätzt wird. So mancher Reiter fordert von seinem Pferd einfach zu viel, bis das Pferd irgendwann entweder völlig ausgebrannt, in sich gekehrt und auf Hinnehmen programmiert oder ein komplettes Nervenbündel ist. Wenn ich solchen Pferden ins Gesicht schaue, zerbricht es mir fast das Herz. Wie kann man das einem Lebewesen nur antun?

Widersprüchliche Signale: Viele Menschen benutzen gleichzeitig gegensätzliche Hilfen, die das Pferd verunsichern können.

Negative Gedanken: Nicht zu unterschätzen ist die Kraft der Gedanken.

Eine gute Freundin von mir hat mal gesagt: „Wer Scheiße denkt, zieht auch Scheiße an“. Der Spruch ist natürlich etwas derb, aber er ist so wahr! Ich finde, die innere Einstellung des Reiters beziehungsweise Ausbilders ist extrem wichtig. Wer schon mit der Haltung ins Training geht, dass das heute eh nicht klappen wird, der wird auch sein Pferd nicht gut überzeugen können. Darüber hinaus haben negative Emotionen wie Sorgen, Wut und Zorn im Pferdestall nichts verloren. Sie tragen nichts Produktives bei und sollten daher lieber andernorts „entladen“ beziehungsweise abgeladen werden.

Positive Emotionen und Gedanken machen uns hingegen leistungsfähiger und steigern die Sicherheit. Wer sich vorstellt, wie er es gerne hätte, und eben nicht, was er nicht will, wird mehr Erfolge verzeichnen. Davon bin ich nicht nur fest überzeugt, das belegen auch wissenschaftliche Studien.

Veränderungen

Pferde mögen nicht so gerne Veränderungen. Bereits kleinste Veränderungen im Umfeld oder im Trainingsablauf können das Pferd manchmal schon ganz schön stressen.

Um die Stresstoleranzgrenze Deines Pferdes noch weiter nach oben zu verschieben, empfehle ich Dir daher, alle Gelassenheitsübungen aus diesem Kapitel an verschiedenen Orten durchzuführen (wie zum Beispiel an verschiedenen Plätzen in der Halle oder auf dem Platz sowie an komplett anderen Orten) und auch das Schreck-Equipment immer mal wieder zu wechseln. Variiere stets ein bisschen, damit Dein Pferd immer mehr Routine mit neuen Situationen bekommt und sich dadurch nicht mehr so leicht aus der Ruhe bringen lässt.

Training für coole Socken

Neue Herausforderungen

Wer die Übungen aus dem vorherigen Kapitel bereits aus dem Effeff beherrscht und ein Pferd hat, das Fahne, Sack oder Ball schon langweilig findet, der kann sich jetzt mit neuen Herausforderungen beschäftigen – zum Beispiel mit einer Nebelmaschine, einem Laubbläser oder einem Trash-Garten!

1. Hugo – die absolute Horror-Picture-Show für Pferde

Hugo ist der wohl größte Pferdeschreck, den es gibt. Meine Cousine hat die Flatterpuppe mal vor einem Imbisswagen gesehen und mir ein Video der tanzenden Puppe geschickt. Ab da war für mich klar: So etwas brauche ich unbedingt auch! Und mittlerweile bin ich überzeugt: Ein Leben ohne Hugo ist möglich, aber sinnlos!

Ich nutze die Flatterpuppe im Gelassenheitstraining super gerne und zwar nicht unbedingt für das Training vom Pferd, sondern als Übung für den Ausbilder beziehungsweise Reiter, denn ich finde es extrem wichtig, dass man lernt, sein Pferd richtig einzuschätzen. Dementsprechend nutze ich Hugo,

Ich nutze die Flatterpuppe Hugo im Gelassenheitstraining super gerne und zwar nicht unbedingt fürs Training vom Pferd, sondern als Übung für den Reiter.

um den Menschen zu schulen, wie nah er sich mit seinem Pferd an den Reizauslöser heranwagen kann, bevor es zur vollständigen Eskalation kommt. Daraus mache ich gerne in meinen Gelassenheitskursen ein Spiel:

Ich bitte die Teilnehmer sich Hugo zu nähern, aber nur so weit, wie es für das Pferd noch erträglich ist. Wessen Pferd Angst bekommt und losdüst, der hat verloren. Es ist sehr interessant zu beobachten, dass manche Pferde total cool dabeibleiben und Hugo sogar anstupsen wollen. Wiederum andere stehen am anderen Hallenende und sind immer noch völlig schockiert über das, was sie da gerade sehen. So unterschiedlich kann die Angstreaktion der Pferde sein! Für den Reiter ist das Training mit Hugo ideal. Indem wir eine absolut krasse Stresssituation provozieren, lernt so mancher Mensch sein Pferd mal wirklich kennen und kann danach besser einschätzen, welchen Abstand er auch in anderen unbekannten gruseligen Situationen wählen muss, damit es nicht gefährlich wird.

Im Übrigen gibt es bei diesem Spiel selten Verlierer, sprich Reiter, deren Pferde kopflos davonrennen, **denn kaum jemand traut sich in diesem fortgeschrittenen Stadium des Gelassenheitstrainings das gewonnene Vertrauen seines Pferdes aufs Spiel zu setzen.** Dieser Lernprozess ist sehr wichtig – für das ganze Pferdeleben!

So geht's:
Training mit Hugo

2. Nebelmaschine

Die Nebelschwaden der Nebelmaschine sind für Pferde schwer einzuschätzen. Der Dunst ist für sie nicht greifbar und ihre Urangst vor Feuer kommt hoch. Zudem macht eine Nebelmaschine unheimliche Geräusche.

Achtung:
Bitte informiere vorher die Feuerwehr, wann Du üben willst. Denn aus Erfahrung kann ich Dir sagen, dass es sonst nur wenige Minuten dauert, bis die Feuerwehr auf Deinen Hof kommt.

Mit mutigen Pferdetypen kannst Du ganz nah an die Nebelmaschine rangehen und Euch so richtig schön einnebeln lassen.

Aufsteigender Nebel aus einem Pferdestall ist schließlich normalerweise ein eindeutiges Zeichen für Feuer!

So geht's: Bitte einen Helfer, sich um die Nebelmaschine zu kümmern. Am besten steht die Nebelmaschine leicht erhöht, denn Nebel auf dem Boden finden die meisten Pferde gruseliger als eine Wolke. Dann stellt der Helfer die Nebelmaschine an und lässt sie dauerhaft laufen beziehungsweise nebeln. Wichtig: Lass die Nebelmaschine anfangs auf kleiner Stufe laufen, denn die Nebelmenge macht einen Unterschied fürs Pferd!

Am einfachsten ist es für die meisten Pferde, zunächst den Nebel aus der Ferne zu beobachten. Ist das fürs Pferd okay, kannst Du Dich allmählich der Nebelmaschine nähern. Dabei musst Du schauen, was für das Pferd am angenehmsten ist: Manche wollen sich der Nebelmaschine frontal nähern, andere bevorzugen es, sich „anzuschlängeln", sprich Du läufst mit dem Pferd von links nach rechts (oder umgekehrt) und verringerst allmählich die Distanz zur Nebelmaschine.

Neugier nutzen:
Beginne mit angstauslösenden Reizen immer aus der Entfernung und lass am besten das Pferd von allein näherkommen. Die meisten Pferde sind neugierig genug, um sich furchterregende Dinge aus der Nähe anzusehen, wenn man ihnen genug Zeit lässt.

Mit mutigen Pferdetypen kannst Du Dich bis zu einer Distanz von einem Meter der Nebelmaschine nähern und Euch so richtig schön einnebeln lassen.

3. Der Knalltütenpark

Nachdem das Pferd die Plane akzeptiert hat (siehe Seite 111ff.), steigere ich den Schwierigkeitsgrad, indem ich Luftpolstertaschen auf die Plane lege. Die sammle ich beispielsweise von Paketen, die ich geschickt bekomme. Alternativ kannst Du Polstertaschen auch überall kaufen oder bestellen, wo es Verpackungsmaterial gibt. Die Pferde lernen durch die Luftpolstertaschen, dass etwas unter ihnen nachgibt und es auch mal knallen kann. Das simuliert beispielsweise Äste, die unter den Hufen knacken oder Hängerrampen, die etwas nachgeben und knacken, wenn das Pferd drauftritt.

Wie kann ich meinem Pferd die Übung einfacher machen?
Beim Knalltütenpark erlebe ich immer wieder, dass Pferdebesitzer und Reiter ihr Pferd gleich beim ersten Versuch über die mit Knalltüten vollgepackte Plane laufen lassen wollen. Ich stoppe sie dann immer kurz davor und rege an, dass sie die Plane zunächst „abrüsten“, um es ihrem Pferd einfacher zu machen. Immer daran denken: Wir arbeiten Schritt für Schritt und von leicht zu schwer!

So geht's: Im ersten Schritt schnappe ich mir eine Luftpolstertasche und halte sie lediglich fest. Dann gehe ich mit dem Pferd über die noch leere Plane und lasse die Knalltüte in meiner Hand in dem Augenblick platzen, wenn das Pferd über die Plane geht. Für viele Pferde ist das bereits eine Herausforderung. Klappt das, lege ich im nächsten Schritt nur wenige Luftpolstertaschen auf die Plane, sodass die Plane noch zu sehen ist und das Pferd in der Mitte einen freien Gang hat, durch den es gehen kann. Jetzt gehe ich mit dem Pferd durch den Gang. Ist das für mein Pferd kein Problem mehr, nehme ich eine Knalltüte dazu, die ich in der Hand

Im ersten Schritt gehe ich zur Gewöhnung mit dem Pferd über die noch leere Plane und Alea lässt nebendran eine Knalltüte in ihrer Hand platzen. Für viele Pferde ist das bereits eine große Herausforderung!

Klappt das, lege ich im nächsten Schritt ein paar Luftpolstertaschen auf die Plane, so dass die Plane noch zu sehen ist und das Pferd in der Mitte einen freien Gang hat, durch den es gehen kann.

Die ganze Plane ist voll mit Luftpolstertaschen. Nugget hat keine Angst davor. Ich kann sie sogar drüber schicken.

zerplatzen lasse, sobald wir durch den Gang gehen.

Klappt das, kannst Du ein paar leere Luftpolstertaschen, die nicht mehr knallen, in den Gang legen und mit dem Pferd darüber laufen. Erst wenn das für Dein Pferd okay ist, füllst Du die Plane peu à peu mit vollen Luftpolstertaschen auf. Falls Deine Luftpolster lange Schlangen sind, reiße sie am besten in kleinere Stücke, damit sich Dein Pferd nicht darin verfängt und so schlechte Erfahrungen sammelt. Bei Pferden, die eher ängstlich sind, nehme ich zunächst ausschließlich leere Luftpolstertaschen (also nur die Hüllen).

Bleibt das Pferd cool, kannst Du die ganze Plane mit Luftpolstern vollpacken. Erst führst Du Dein Pferd darüber und achtest beim Vorauslaufen dabei, nicht gleich alles zum Knallen zu bringen. Klappt das, kannst Du Dein Pferd auch darüber schicken.

Auch beim Styropor-Park starte ich zur Gewöhnung mit einer leeren Plane.

4. Die Steigerung des Knalltütenparks: der Styropor-Park

Bei dieser Übung lege ich Styropor-Teile, die man im Baumarkt kaufen kann, auf die Plane. **Tipp:** Große Teile breche ich in kleine Stücke.

Die Herausforderung des Styropor-Parks: Das Pferd muss über die wackelnden Teile balancieren und es entsteht ein quietschendes Geräusch dabei. Das empfinden viele Pferde als unangenehm, aber der Styropor-Park bereitet Pferde darauf vor, dass Untergründe auch mal nach unten wegsacken können und das ist für die Gelassenheit sehr wichtig.

So geht's: Die Vorgehensweise ist dieselbe wie beim Knalltütenpark. Starte in der Führposition. Klappt das, kannst Du Dein Pferd auch darüber schicken. Geht das Pferd nicht drüber, breite ich ein „U" aus den Teilen aus, damit die Pferde darüber hinweg steigen können, ohne drauftreten zu müssen.

Die nächste Schwierigkeitsstufe: Lege kleine Styropor-Teile nach unten und ein großes darauf. Tritt das Pferd auf das große Stück, bricht es und die Teile können von unten gegen den Pferdebauch springen. Sei aber darauf gefasst, dass Dein

Chex Me und ich gehen durch den an der Seite liegenden Styropor-Park.

Klappt das, lege ich ein paar Styropor-Teile auf die Plane.

Chex Me kraxelt über die Styropor-Teile. Ich bin sehr stolz auf sie.

Pferd einen Satz nach vorne oder zur Seite macht! Und denke immer daran, dass Du am besten von leicht zu schwer arbeitest, um es Deinem Pferd einfach zu machen.

So geht's:
Training im Knalltütenpark und Trash-Garten

Auch beim Trash-Garten schicke ich das Pferd anfangs durch einen leeren Gang über die Plane.

5. Und noch eine Steigerung: der Trash-Garten

Der Trash-Garten ist eine weitere Steigerungsform der Knalltüten- und Styropor-Parks. Hier lege ich auf der Plane alle möglichen Gegenstände aus wie beispielsweise Plastikflaschen, Poolnudeln und Hula-Hoop-Reifen. Tritt das Pferd darauf, geben die Gegenstände nach, machen Geräusche oder bleiben sogar mal an den Beinen hängen. Poolnudeln simulieren zum Beispiel einen morastigen Waldboden, der nachgibt und die Hula-Hoop-Reifen einen Ast, der am Schweif hängen bleibt und mitgeschleift wird oder an die Hinterbeine kommt. Falls Du Dein Pferd darauf nicht desensibilisiert hast, wird es sich erschrecken oder sogar durchgehen, wenn das mal beim Ausritt passiert. Aus Erfahrung kann ich Dir sagen, dass, egal, ob Du dann eine Party feiern möchtest oder nicht, sie definitiv stattfinden wird. Deswegen ist der Trash-Garten

Um das Pferd an die Gegenstände zu gewöhnen, lade ich die Plane erst einmal nicht lückenlos voll. Und ganz wichtig: Den Hula-Hoop-Reifen lasse ich anfangs komplett weg

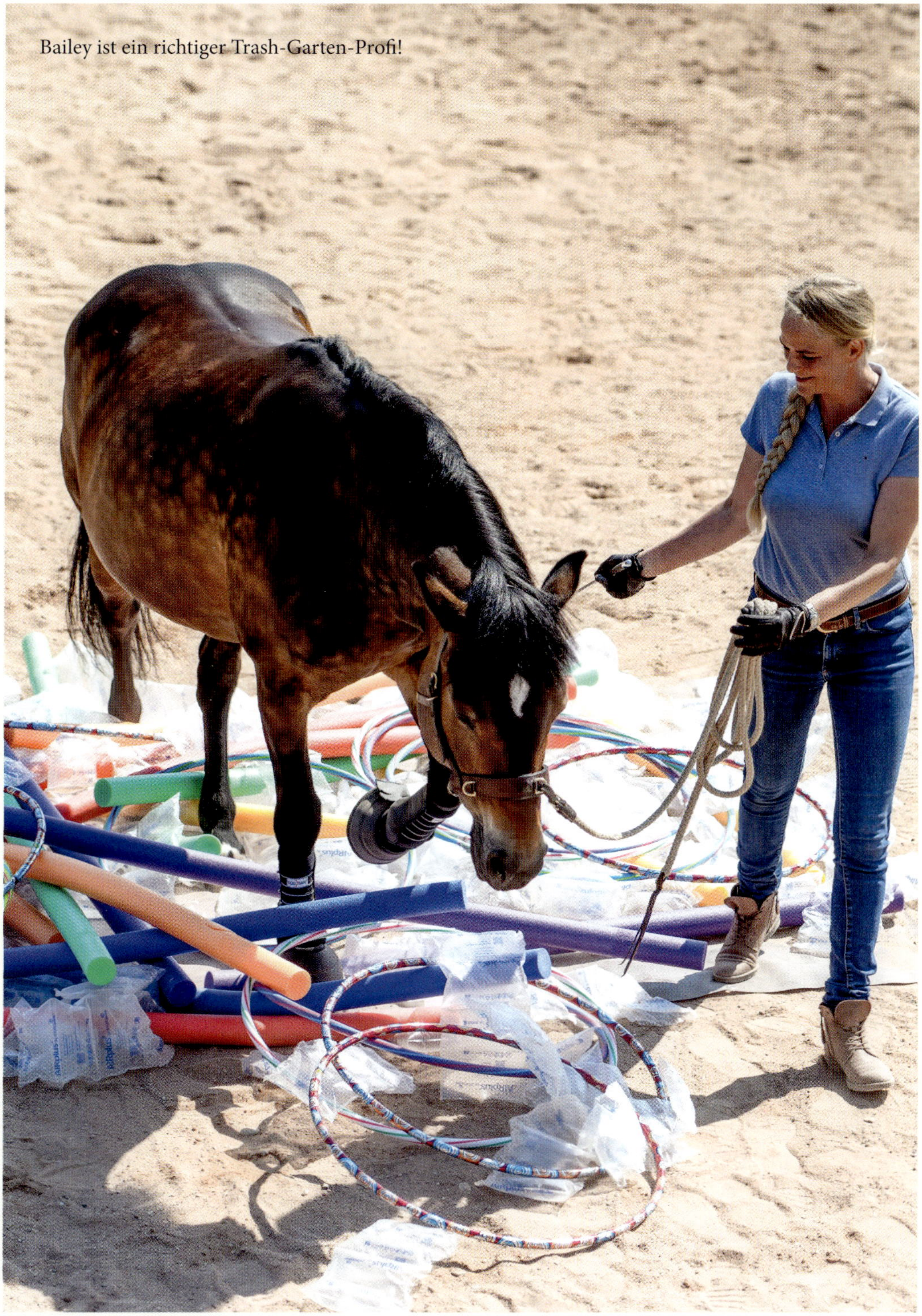

Bailey ist ein richtiger Trash-Garten-Profi!

für mich im Gelassenheitstraining unersetzbar.

So geht's: Das Prinzip und die Vorgehensweise sind identisch wie beim Knalltütenpark (siehe Seite 133ff.). Lade die Plane auch bei dieser Übung erst einmal nicht lückenlos voll. Lege die Gegenstände stattdessen lieber noch etwas entfernt voneinander auf die Plane. Den Hula-Hoop-Reifen lässt Du anfangs sogar lieber komplett weg.

Im nächsten Schritt hilft wieder eine U-Form der Gegenstände. Erst, wenn das Pferd gelassen darüber geht, kannst Du immer mehr Dinge auf die Plane packen – zum Schluss auch den Hula-Hoop-Reifen. Denn tritt das Pferd auf die Kante des Hula-Hoop-Reifens, kann dieser von unten gegen den Pferdebauch springen und das Pferd sich erschrecken.

Denke wie immer daran, dass Du am besten von leicht zu schwer arbeitest, um es Deinem Pferd einfach zu machen.

6. Laubbläser

Pferde können das Geräusch nur schwer einschätzen und verstehen

Alea pustet Bailey und mich mit dem Laubbläser an. Wir genießen es! Foto: Ellen Hamsa

nicht, warum sich Blätter am Boden bewegen oder sie berühren.

So geht's: Gewöhne Dein Pferd zunächst nur an das Geräusch des Laubbläsers, indem ein Helfer den Laubbläser mit ausreichend Abstand zum Pferd anschmeißt. Alternativ können Pferde den Laubbläser ganz automatisch kennenlernen, wenn man damit den Hof sauber macht.

Erst wenn das Pferd den Laubbläser aus der Ferne gut akzeptiert, kannst Du beziehungsweise Dein Helfer in der Nähe des Pferdes Dinge auf dem Boden zusammenblasen. Das Pferd sollte den Laubbläser dabei immer von vorne sehen können.

Klappt das, kannst Du auch das Pferd „anpusten". Starte an den Beinen, dann folgt die Schulter und schließlich das ganze Pferd. Erst ganz zum Schluss kannst Du den Bläser von der Seite oder von hinten einsetzen.

7. Feuerwerk

Es entstehen plötzlich Funken und/oder ein lauter Knall. Einen einzelnen Böller akzeptieren Pferde oft noch, kommen aber mehrere

Die Mädels zünden die Böller. Bailey wartet ganz cool. Foto: Ellen Hamsa

Bailey und ich unter der Plane mit Böllern, Rauchfackeln, Fahnen und Schirmen drum herum. Was für ein Spaß!

Böllerschüsse nacheinander, geraten sie sehr schnell in einen Alarmzustand.

So geht's: Zünde erst einen Böller mit ausreichend Abstand zum Pferd, dann machst Du eine Pause. Danach zündest Du zwei Böller kurz hintereinander, dann drei, dann vier. Ein noch größerer Knalleffekt entsteht, wenn man den Böller in eine Tonne wirft. Wichtig beim Üben mit Feuerwerkskörpern ist es, auf die eigene Sicherheit zu achten und immer einen Eimer Wasser parat stehen zu haben.

Neben Böllern zünde ich auch gerne sogenannte Vulkane an. Dieses Feuerwerk ist zwar nicht so laut, dafür geben Vulkane aber unangenehme Zischlaute von sich, qualmen und sprühen Funken, sodass sie nicht nur von der Geräuschkulisse her, sondern auch optisch eine Herausforderung für Pferde sind. Um das Pferd daran zu gewöhnen, zünde den Vulkan zunächst in großem Abstand zum Pferd.

8. Der Gelassenheitsspaziergang

Jetzt geht es raus in die Praxis! Unternimm einen ganz besonderen Spaziergang im Gelände und außerhalb der sicheren Umzäunung des Reitplatzes: Viel Spaß beim Gelassenheitsspaziergang!

Dafür brauchst Du mehrere Helfer, die Du auf die Strecke schicken kannst, um das Pferd dort mit alltäglichen, gruseligen Dingen zu konfrontieren. Schnapp Dir am besten ein paar Freunde sowie Verwandte und lade sie zu einem Tag an der frischen Luft mit Pferden ein.

Suche Dir für die Übung am besten ein Gelände aus, wo Du keine Straßen auf dem Weg in den heimischen Stall überqueren musst, denn sollte sich das Pferd doch mal losreißen und durchgehen, bringt es sich oder Euch beide sowie andere Verkehrsteilnehmer nicht in Gefahr.

Achte beim Training im Gelände darauf, dass Du links und rechts vom Pferd jederzeit genügend Platz hast, sprich sich dort keine Gräben, Zäune oder hohe Böschungen befinden, sodass ein wegspringendes Pferd sich nicht verletzen kann.

Positioniere die Helfer an verschiedenen Stellen der Strecke mit unterschiedlichen Reizauslösern. Einer kommt beispielsweise mit einem Einkaufswagen den Weg entlang angeknattert, der nächste hat einen Regenschirm dabei. Für ganz coole Socken lasse ich Bälle hinter einer Hecke vorwerfen. An einer anderen Stelle kann auch eine große Fahne wehen oder ein Helfer mit dem Auto vorbeifahren.

Ob Regenschirme, Bälle oder eine Plane, all das kann Pferd und Reiter auch im Gelände begegnen. Aus diesem Grund sollten wir unsere Pferde auch daran gewöhnen

Zusammen mit ein paar Freunden macht das Training am meisten Spaß!

Wichtig: Am besten ist es, wenn Du die Reizauslöser bei den ersten Spaziergängen auslöst, sprich Du das Zeichen gibst, wann die Helfer jeweils loslegen können. Halte dazu am besten Telefonkontakt oder nutze einen Ceecoach, um mit Deinen Helfern zu kommunizieren.

Auch sehr hilfreich: Nehme ein erfahrenes, cooles Pferd mit.

Wie geht's weiter? Klappt der Gelassenheitsspaziergang, kannst Du Dein Pferd auch „fahren" (es also am Langzügel laufen lassen) und letztendlich dann auch reiten (siehe nächstes Kapitel).

Noch ein Tipp: Falls Dein Pferd im Gelände schon sehr sicher ist und Du im Straßenverkehr übst, leg Dir am besten eine Warnweste zu. Ich besitze eine Warnweste auf der steht „Pferd übt". Damit habe ich sehr gute Erfahrungen gemacht. Auto- oder Fahrradfahrer nehmen dann gerne Rücksicht und fahren vorsichtiger sowie mit noch mehr Abstand an mir vorbei. Auch Fußgänger sind rücksichtsvoller; man kommt schnell ins Gespräch und findet Verständnis.

9. Die Königsdisziplin: mehrere Reizauslöser gleichzeitig

Bleibt Dein Pferd bei allen Gelassenheitsübungen total cool, egal ob es sich um Sichtreize, Geräusche oder Untergründe handelt, ist es bereit für die Königsdisziplin – alles gleichzeitig! Beispielsweise kannst Du Dein Pferd über eine Plane am Boden führen und daneben schwenkt ein Helfer eine Fahne und ein weiterer Helfer trötet.

Dass das funktioniert und das Pferd dabei total cool bleibt, zeige ich beispielsweise mit Bailey oder Chex Me in meinen Lehrstunden auf Messen oder anderen Veranstaltungen wie der *Equitana*. Mehrere Helfer wedeln mit Fahnen, schwenken Schirme und tröten, während ich um sie herum galoppiere. Hinzu kommen bei solchen Veranstaltungen natürlich noch die ganzen Zuschauer und Messestände außen herum – das ist schon immer eine echte Herausforderung!

Auch Bricket meistert die Königsdisziplin bereits mit Bravour!

Bleibt Dein Pferd bei allen Gelassenheitsübungen total cool, ganz egal ob es sich um Sichtreize, Geräusche oder Untergründe handelt, ist es bereit für die Königsdisziplin – alles gleichzeitig!

Gelassenheitstraining beim Reiten

Ride more, worry less!

Klappen alle Übungen mit dem Pferd am Boden, kannst Du auch gerne aufsteigen und ein gerittenes Gelassenheitstraining absolvieren.

Klappen alle Übungen mit dem Pferd am Boden, kannst Du auch gerne aufsteigen und ein gerittenes Gelassenheitstraining absolvieren. Die Herausforderung: Vom Sattel aus ist es für viele Pferde häufig eine komplett neue Situation.

Wichtig:
Erarbeite alle Gelassenheitsübungen zunächst vom Boden aus (geführt, das heißt ich gehe voraus und gebe Sicherheit) und gefahren (das Pferd befindet sich vor dem Menschen), bevor Du in den Sattel steigst. Pferden fällt es immer leichter, wenn sie im Gelassenheitstraining von einem vertrauten Menschen an die Hand genommen werden. Erst wenn das Pferd am Boden total cool bleibt, kannst Du aufsteigen und ein gerittenes Gelassenheitstraining absolvieren.

Ich bin fest davon überzeugt, dass jedes Pferd das Potenzial dazu hat, ein richtig toller und sicherer Partner auch unter dem Sattel zu werden. Wir müssen das Training nur richtig angehen und vor allem an der Rittigkeit arbeiten.

Rittigkeit ist meiner Meinung nach gleichzusetzen mit Sicherheit. Ein rittiges Pferd wie zum Beispiel meine Chex Me lässt sich super fein reiten und kann meine Hilfen im höchsten Maße umsetzen. Darüber hinaus ist es lernbereit, konzentriert, fleißig und körperlich sowie geistig im Gleichgewicht, sprich losgelassen. Pferd und Reiter sind im Flow.

Es macht nicht nur richtig Spaß so ein Pferd zu reiten, sondern die Rittigkeit schraubt auch enorm den Sicherheitsfaktor nach oben: **Ein aktiv an den Hilfen stehendes Pferd erschrickt nicht so oft!** Das beobachte ich nicht nur bei meinen sowie den mir anvertrauten Pferden, das bestätigen auch mehrere wissenschaftliche Untersuchungen, die ich zu diesem Thema gefunden habe.

Und selbst wenn ein grundsätzlich rittiges Pferd mal erschrickt (ja, das kommt auch mal bei mir vor – man kann Pferde schlichtweg nicht an alles auf dieser Welt gewöhnen), dann habe ich ein rittiges Pferd nach einem Schreckmoment innerhalb kürzester Zeit wieder unter Kontrolle. Auch das finde ich extrem wichtig. Ein Beispiel: Angenommen ich bin mit Chex Me im Gelände unterwegs. Plötzlich springt ein Reh aus dem Gebüsch. Chex Me nimmt zwar den Kopf hoch und ich spüre, wie sie anspannt. Indem ich sie jetzt leicht stelle und in ein Schulterherein schicke,

Chex Me bleibt selbst ohne Trense total gelassen.

kommt sie schnell wieder runter und weiter geht's ganz entspannt durchs Gelände.

Ein rittiges Pferd bleibt außerdem brav am Straßenrand stehen und wartet, bis alle Autos vorbeigefahren sind. Es akzeptiert zum einen die Hilfen des Reiters (man kann es ganz fein anhalten – es geht nicht dagegen) und nörgelt nicht herum, wann es jetzt endlich weitergehen darf. Stattdessen bleibt das Pferd ganz cool stehen und wartet auf mein nächstes Signal. Es vertraut darauf, dass ich immer Herrin der Lage bin und entscheide, wann wir wohin gehen, wie weit wir gehen (auch bei Gefahr) und so weiter. Das ist das Prinzip von „Wer bewegt wen?" beim Reiten. Dieses Prinzip haben wir bei der Bodenarbeit bereits angewendet.

Ich reite mit Chex Me durch den Flatterbandvorhang. Foto: Ellen Hamsa

Und ein rittiges Pferd hat eine gute Körperwahrnehmung sowie Balance. **Meiner Erfahrung nach besteht ein direkter Zusammenhang zwischen Schreckhaftigkeit und Balance/Körpergefühl.** Pferde mit Balanceproblemen sind deutlich schreckhafter, nervöser und wachsamer als Pferde, die eine gute Balance und ein gutes Körpergefühl haben. Ich glaube, das hängt damit zusammen, dass sie aufgrund der fehlenden Balance auch wachsamer sein müssen, weil sie sonst nicht so gut flüchten könnten, wenn akute Gefahr droht. Deswegen finde ich es wichtig den Pferden zu helfen, eine gute Balance unter dem Reiter zu entwickeln, denn es lässt sie entspannter und selbstsicherer werden.

Rittigkeit ist meiner Meinung nach gleichzusetzen mit Sicherheit.

Ich bin soooo stolz auf meine Nugget!

Ein Beispiel: Ich hatte mal ein Pferd in Beritt, das absolut keine gute Balance unterm Sattel hatte. Vielmehr hatte die kleine Stute richtig Mühe, ihre Beine im Galopp in der Kurve so zu sortieren, dass sie nicht stolperte und ins Straucheln geriet. Aufgrund dieser Problematik war sie total unsicher und schreckhaft. Dieses Verhalten verschwand erst, als sie lernte, ihren Körper besser wahrzunehmen und sich im Gleichgewicht unter dem Reiter zu bewegen.

Ich stelle mir das immer so vor, wie wenn ich auf einem Schwebebalken balancieren müsste. Wenn man nicht gut balancieren kann, rutscht man dabei automatisch in die Überforderung und wird ängstlicher. Wenn man dann noch einen schlabbernden Rucksack (analog zum

Reiter) trägt, potenziert sich das Ganze. Mithilfe meiner Rittigkeitsübungen (und auch schon zuvor mit der Klassischen Handarbeit) verbessert man im übertragenen Sinne den Gang über den Schwebebalken.

Wie Du siehst, ist das Thema Rittigkeit sehr wichtig und vielschichtig. **In meinem Buch „Sicher reiten“ findest Du ganz viele Übungen, mit denen Du die Rittigkeit und somit auch die Gelassenheit Deines Pferdes beim Reiten richtig toll verbessern kannst!**

Einmal Gelassenheits-training gemacht … … reicht fürs ganze Leben?

Ganz so einfach ist es leider nicht. **Ich empfehle Dir – wie eigentlich für alle meine Übungen – das Erlernte immer wieder aufzufrischen, um für Routine und Sicherheit zu sorgen.** Ob man das Training einmal in der Woche oder nur einmal im Jahr wiederholen sollte, ist von Pferd zu Pferd ganz unterschiedlich. Ich mache mit meinen eigenen Pferden regelmäßig Gelassenheitstraining. Auch übe ich vor jeder Stunt-Show mit meiner Stute Bailey nochmals alle Hindernisse.

Nichtsdestotrotz, und das betone ich an dieser Stelle ganz deutlich, damit niemand mit dem Finger auf mich zeigt, wenn meine Bailey in einer Stunt-Show mal etwas skeptisch guckt oder sogar scheut: **Selbst das erfahrenste und nervenstärkste Pferd der Welt kann sich mal vor etwas gruseln.** Aber grundsätzlich gut ausgebildete und an den Hilfen stehende Pferde lassen sich in so einem Fall meist schnell wieder unter Kontrolle bringen.

Teamwork makes the dream work!
Alea und ich beim Ausritt.

Ich liebe meine Chex Me.

Ein Wort zum Schluss

Mein Pony Rocky und ich beim Ausreiten.

Wie ich reiten gelernt habe

Ich komme aus einer nicht reitenden Familie. Dementsprechend kann ich die Sorgen und Nöte anderer Reiter mit ihren Pferden sehr gut verstehen. Schließlich ging es mir genauso. Ich habe auch Fehler gemacht und aus ihnen gelernt.

Meine reiterliche Karriere startete mit Windeln auf dem Pferd. Schon während meiner Schulzeit war ich total pferdeverrückt und lernte bei Reining-Urgestein Bernie Hoeltzel. Nach dem Schulabschluss durfte ich für mehrere Top-Trainer in Kanada und in den USA arbeiten und von ihnen lernen, darunter Wendy Nelson-Hoeltzel und François Gauthier. Für diese Erfahrungen bin ich ihnen bis heute sehr dankbar.

Allerdings habe ich für mich im Laufe der Zeit festgestellt, dass Reiten für mich viel mehr ist als die acht Reining-Manöver wie ein Spin oder ein Sliding Stop. Und so habe ich angefangen, auch in anderen Reitweisen hineinzuschnuppern. Dabei habe ich vieles gefunden, was mir sehr viel Freude macht und mein Training mit Pferden bereichert.

Ob Dressur, Zirzensik oder Freiarbeit, ich schaue gerne über den sprichwörtlichen Tellerrand hinaus, lasse mich inspirieren und suche mir das Beste für das jeweilige Pferd heraus. Mein Training ist quasi die individuell auf jedes Pferd abgestimmte Haribo-Colorado-Packung!

Auf meiner Reitanalage in Bad Wimpfen bei Heilbronn bilde ich Pferde sowie Reiter reitweisenübergreifend aus. Ich persönlich sage immer, dass ich mich in ein Pferd verliebt habe, und nicht in eine Reitweise. Und wenn ein Pferd mit einer Reitweise besser vorankommt als mit einer anderen, dann bin ich aus Liebe zum Pferd bereit, mich anzupassen.

Foto: Ellen Hamsa

Die Autorin und das Team dieses Buches

Yvonne Gutsche

Yvonne Gutsche ist spezialisiert auf das Training von Jungpferden, von traumatisierten sowie verwahrlosten Pferden, die vom Veterinäramt beschlagnahmt wurden, Pferden, die mit irgendetwas Mühe haben, sowie auf die fortgeschrittene Ausbildung von Pferden.

Auf ihrer Anlage in Bad Wimpfen bei Heilbronn bildet sie Pferde und Menschen reitweisenübergreifend aus. Darüber hinaus gibt sie europaweit Kurse und Live-Trainings sowie tritt bei Galaveranstaltungen mit ihrer Stunt-Show auf.

Ihre Philosophie: Im Training gibt es kein Schema F oder den einen richtigen Weg. Was für das eine Pferd der Königsweg ist, kann für ein anderes kontraproduktiv sein. Im Training ist für Yvonne Gutsche viel wichtiger, dass die Pferde passend zu ihrem Charakter, ihrem Lernverhalten und unter Berücksichtigung ihres Körperbaus ausgebildet werden. Der faire und feine Umgang mit den Tieren steht dabei für sie an erster Stelle.

Kontakt:

www.yvonne-gutsche.de
Telefon: 0172 480 7827
Mail: info@yvonne-gutsche.de
Instagram: @yvonnegutsche

Co-Autorin Christiane Wehnert und ihre Araberstute Shimounah.
Foto: Lisa Rädlein

Buches. Die studierte Pferdewissenschaftlerin war einige Jahre festangestellte Redakteurin beim Pferdemagazin CAVALLO. Heute leitet sie ihr eigenes Büro für Kommunikation und Medien. Dabei arbeitet sie weiterhin als freie Autorin für CAVALLO, organisierte mehrere Jahre die CAVALLO Academy auf Schloss Wickrath und moderiert auf Messen wie der *Pferd & Jagd* in Hannover.

Christiane Wehnert

Co-Autorin Christiane unterstützte mich beim Schreiben dieses

Thomas Hartig – Fotograf

Tom ist ein international tätiger Fotograf mit einer ausgeprägten Leidenschaft für Pferde.

Die besondere Aura sowie das sensible Wesen der Pferde zogen ihn bereits als Kind in seinen Bann und üben auch heute noch eine starke Faszination auf ihn aus.

Ellen Hamsa – Fotografin

Ellen hatte bereits die Fotos für mein erstes Gelassenheitsbuch gemacht und ich freue mich sehr, dass sie sich jetzt auch wieder ihre Kamera geschnappt und ein paar Fotos gemacht hat.

Lisa Rädlein – Fotografin

Lisa arbeitet als fest angestellte Fotografin für das Pferdemagazin CAVALLO. Ob Kenzie Dysli, Uta Gräf oder Ingrid Klimke, es gibt fast keinen berühmten Pferdeprofi, den Lisa noch nicht vor der Kamera hatte. Nebenbei fotografiert sie auch für andere Trainer, Züchter und Reiter und setzt Pferde gekonnt in Szene.

Danke

Getreu dem Motto „Einer für alle, alle für einen" sind wir nur gemeinsam stark. Aus diesem Grund möchte ich mich an dieser Stelle noch bei einigen Personen bedanken, die mir für dieses Buch den Rücken freigehalten, mich unterstützt und mich inspiriert haben.

Der größte Dank geht zunächst an meine **Eltern, meine Schwester mit Jona und Alea sowie den Rest der Familie**. Danke, dass Ihr immer für mich da seid. Ihr gebt mir Wurzeln und Flügel zugleich. Danke für alles.

Ein weiterer großer Dank geht an mein **Stall-Team**. Ihr seid einfach spitze und ich bin Euch unendlich dankbar für Eure tolle Unterstützung!

Danke auch an meine **Trainer-Kollegen Mirjam Wittmann, Peter Pfister** und **Horst Becker**, die mich reiterlich immer unterstützen.

Vielen Dank auch das **Team vom Verlag Müller Rüschlikon**, ganz besonders an **Claudia König**.

Verwendete und weiterführende Literatur

Yvonne Gutsche
Sicher reiten mit Yvonne Gutsche
So werden Pferd und Mensch ein Team

176 Seiten, 200 Bilder
ISBN 978-3-275-02219-9
€ 24,90 / € (A) 25,60

Wie man Pferde zu sicheren und zuverlässigen Partnern macht ist Yvonne Gutsches Steckenpferd. Die Ausbilderin hat in jahrelanger Tüftel-Arbeit ihr unschlagbar gutes, reitweisenübergreifendes Trainingskonzept »Sicher Reiten« entwickelt. In diesem Buch stellt sie die wichtigsten Übungen am Boden und vom Sattel vor.

Yvonne Gutsche
Probleme mit dem Pferd gemeinsam lösen

176 Seiten, 200 Bilder
ISBN 978-3-275-02219-9
€ 24,90 / € (A) 25,60

»Mein Pferd lässt sich nicht einfangen«, »Mein Pferd zappelt am Putzplatz« oder »Mein Pferd wird beim Ausreiten zu schnell« - das sind typische Probleme, die die Pferdetrainerin Yvonne Gutsche täglich von Pferdebesitzern zu hören bekommt. In diesem Buch findet der Leser charakteristische Probleme, mit denen Reiter und Pferde im Alltag zu kämpfen haben.

Cathrin Flößer
Bodenarbeit
50 Übungen an Halfter, Kappzaum und Trense

192 Seiten, 200 Bilder
ISBN 978-3-275-02181-9
€ 24,90 / € (A) 25,60

Bodenarbeit ist ein wichtiger Bestandteil jedes Pferdetrainings. Ob am Halfter mit längerem Seil, mit Kappzaum oder an der Trense: Dieses Buch schlägt eine Brücke zwischen Horsemanship und klassischer Handarbeit. Dazu liefert es Schritt-für-Schritt-Anleitungen mit Vorübungen sowie 50 praktische Aufgaben zum Nachmachen.

Michael Geitner
Alexandra Schmid
Equikinetic®
Pferde effektiv longieren

168 Seiten, 162 Bilder
ISBN 978-3-275-02145-1
€ 24,90 / € (A) 25,60

Diese Methode überrascht mit ihrer Einfachheit und überzeugt mit sensationellen Ergebnissen. Durch geführtes Longieren in der Quadratvolte und ein ausgefeiltes Intervalltraining baut das Pferd die Muskulatur auf, die es benötigt, um gesund zu bleiben. Equikinetic ist für jeden Reiter ein effektives Mittel, um sein Pferd in Top-Form zu bringen.

Müller Rüschlikon

Änderung in Preis und Lieferfähigkeit vorbehalten.

Überall, wo es Bücher gibt, oder unter **www.mueller-rueschlikon.de**
Service-Hotline: 0711 / 78 99 21 51

Wir wünschen Dir ganz viel

paß beim Gelassenheitstraining!

Pferdeglück